중고생을 위한

한국지질공원여행

중고생을 위한
한국 지질공원 여행

《 개정판 》 저자 임충완·배기훈·김철홍·장재호·이상한

맑은샘

지구의 나이 46억 년,

그리고 한반도를 형성하는 암석의 나이는 30억 년까지 거슬러 올라간다. 예술가가 하나의 작품을 완성하기 위해 들이는 시간에 대해 생각해 본다. 아름다운 자연 경관을 바라보며 그 시간에 대해 좀 더 깊은 성찰을 시작해 본다. 인간의 예술은 어쨌든 그 끝이 있겠지만, 자연의 예술은 그 시작만이 있을 뿐 끝맺음은 없다. 과거에도, 지금도, 앞으로도 여전히 미완성의 대작일 뿐이다.

지질학은 상상조차 할 수 없는 거대한 시간의 역사에 대해 놀라움과 호기심으로부터 출발했다. 인간이 인지하기에는 터무니없이 큰 시간이기에 대부분의 사람에게 있어서 지질학이란 아마존의 깊은 밀림 속에서 살아가는 어느 작은 부족의 역사만큼이나 낯설지도 모르겠다. 실제로 지질학은, 미세 먼지로 걱정하는 요즘의 날씨 그리고 밤하늘에 빛나는 달과 별만큼이나 우리 곁에 가까이 있다.

46억 년 또는 30억 년…. 무엇이 만들어져도 전혀 이상할 게 없는 긴 시간이다. 산, 강, 계곡, 평야, 동굴, 화석 그리고 발에 차이는 작은 돌멩이까지, 우리는 언제나 지구의 역사와 그 흔적을 연구하는 지질학을 곁에 두고 있다. 더군다나 도시를 벗어나면 지질이라 일컫는 다양한 현상의 흔적을 관찰하고 체감하기가 더욱 수월하다. 물론 눈을 가득 채우는 아름다운 경관이 주는 감동은 필연적으로 따라오는 덤일 것이다.

우리가 살아가는 이 땅은 비록 작지만 30억 년에 걸쳐 지속된 지질의 역사가 가득한 곳이다. 반드시 지질이라는, 아주 친숙하지만은 않은 이 단어에 얽매일 필요는 없을 것이다. 자연을 감상하기 위해 어려운 이론이 필요한 것은 아니니까 말이다. 중요한 것은, 생각보다 아름다운 지질

명소들이 이 땅에 많이 존재한다는 것이고, 그렇기에 우리가 잘 모르고 있는 곳 그리고 가 보지 못한 곳이 전국에 많다는 것이다. 그리고 그런 명소들을 소개할 수 있다는 것만으로도 지질학을 전공한 저자들의 노고는 이미 보상을 받은 것이나 다름없을 것이다.

현재 우리나라는 국가지질공원이라는 명칭 아래, 정부와 전문가들이 선정한 지질 명소를 지역별로 묶어 관리하고 있다. 그중에서, 저자들이 직접 모든 명소들을 탐방한 후 일반인이나 학생들이 접근하기 쉽고 경관이 수려한 곳을 선정하여 이 책에 실었다. 그리고 어려운 내용을 기술하기보다는 지질 명소의 아름다운 모습에 이끌려 그곳에 방문할 동기를 심어 줄 수 있는 사진과 쉬운 부연 설명들로 이해를 높이도록 하였다. 더욱이 명소들의 형성 원인에 대한 지질학적 배경을 그림과 함께 쉽게 설명함으로써 선생님이나 부모님

이 학생과 자녀를 데리고 명소를 탐방할 경우, 현장 학습에 큰 도움이 될 수 있도록 많은 노력을 기울였다.

이 책을 통해 국내의 많은 지질 명소들이 더욱 널리 알려지기를, 그리하여 아름다운 여행지를 찾는 일반인뿐만 아니라 언제나 자녀와 학생의 교육에 고민이 많은 부모님과 선생님에게 좋은 안내서가 될 수 있기를 바란다.

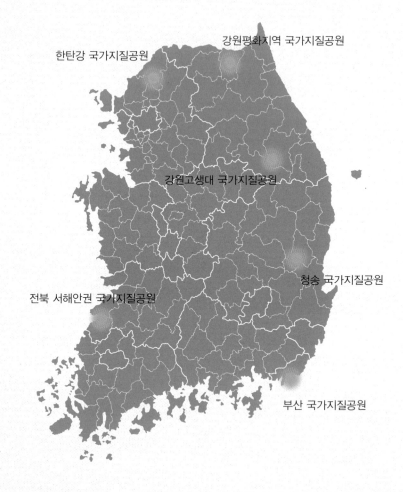

강원평화지역 국가지질공원

한탄강 국가지질공원

강원고생대 국가지질공원

청송 국가지질공원

전북 서해안권 국가지질공원

부산 국가지질공원

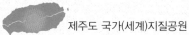

제주도 국가(세계)지질공원

CONTENTS

제주도
국가(세계)
지질공원
Jeju Island Geopark

아름다운 풍경을 자랑하는 제주도는 여행지
로서의 가치도 더할 나위 없이 빼어난 섬이
지만, 다양한 화산 지형과 지질 특성을 보
여 주는 지질학적인 보고이기에 우리나라에
서 가장 먼저 유네스코 세계지질공원(2010
년)에 지정되었다.

그리고 2012년에는 국내 최초로 국가지질공
원으로 지정되는 등 화산 폭발로 형성된 한
라산(1,950m)과 크고 작은 360여 개의 오름
그리고 땅속에 숨겨진 160여 개의 용암 동굴
이 가득한 이 섬은 세계적으로도 드문 자연
적 특성을 보이는 곳이다.

"제주도 지질공원의 명소"

X

섬 어느 곳을 가도 화산 활동의 흔적과 그 특성을 쉽게 관찰할 수 있지만 그중에서도 지질학적으로 중요한 대표적인 곳 10곳을 선정해 지질공원 명소로 지정하였다.

화산폭발의 정점이자 상징인	한라산
수성화산체의 대표적 연구지인	수월봉
용암돔으로 대표되는	산방산
제주도의 형성 초기 수성화산활동의 역사를 간직한	용머리해안
주상절리의 형태적 학습장인	대포주상절리대
퇴적층의 침식과 폭포의 형성 과정을 전해 주는	천지연폭포
제주도 형성 과정에서 가장 먼저 만들어진 지층	서귀포층 패류화석산지
응회구의 대표적 지형이며 해뜨는 오름으로 알려진	성산일출봉
거문오름 용암동굴계 가운데 유일하게 체험할 수 있는	만장굴
용암대지에 발달한 독특한 숲과 습지를 관찰할 수 있는	선흘곶자왈

한탄강 국가지질공원　　　　강원평화지역 국가지질

강원고생대 국가지질공원

전북 서해안권 국가지질공원　　　　청송 국가지질공

부산 국가지질공

제주도 국가(세계)지질공원

제주연안여객터미널
제주국제공항　　　　　　　　　　만장굴　　　　　　우도
애월항　　　　제 주 시　　선흘 곶자왈　　성산항
한림항　　　　　　　　　　　　　　　　　성산 일출봉
비양도
한라산
수월봉　　　　　　　　　서 귀 포 시
　　　　　　　　　　　　　　　　천지연폭포
산방산　　　　　　대포주상절리대　　서귀포층 패류화석산지
용머리해안
모슬포항
가파도
마라도

11

한라산

은하수를 끌어당길 수 있을 만큼 높은 산이라는 뜻의 한라산은 남한에서 가장 높은 1,950m의 해발고도를 가지며 제주도를 형성시킨 격렬한 화산 폭발이 남긴 최후의 상징이자 정점이다.

더군다나 산 정상부에는 화산 폭발의 증거를 보여 주는 분화구인 백록담이 형성되어 있기에 학술적 가치뿐만이 아니라 이 산을 오르는 등산객들에게도 뚜렷한 동기를 부여하고 있다.

한라산 탐방로

어리목 6.8km 3시간

영실 5.8km 2시간 30분

성판악 9.6km 4시간 30분

관음사 8.7km 5시간

돈내코 7km 3시간 30분

제주국제공항 ✈

관음사코스

사라오름 입구

어리목코스 성판악코스

붉은오름

치유와 명상의 숲

백록담

영실코스 사려니오름

돈내코코스

거린사슴

시오름

12

제주도와 한라산의 형성

원래 얕은 바다였던 제주도 일대는 약 180만 년 전부터 바닷속 지하로부터 약한 지층을 뚫고 마그마가 상승하면서 수성화산활동이 시작되었다. 이로 인해 많은 응회환과 응회구가 형성되었고 엄청난 양의 화산재가 쌓이면서 서귀포층을 만들게 되었다.

지속적인 수성화산활동으로 인해 서귀포층이 점차 높게 쌓여 감에 따라 제주도 지역은 해수면 밖으로 드러나게 되었다.

해수면 위로 솟은 덕분에 물이 필요한 수성화산활동은 점차 줄어들 수밖에 없었고 직접적인 용암 분출로 인해 서귀포층 위에 겹겹이 쌓인 넓은 용암대지가 확장되었다.

이렇게 반복된 용암의 분출은 한라산을 중심으로 한 방패 형태의 순상화산체를 형성하였으며 오늘날과 같은 제주도의 모습을 만들게 되었다.

문헌에 기록된 가장 마지막 화산 활동은 약 1,000년 전에 있었다.

제주도의 화산

제주도 화산 활동의 중심은 한라산이지만 그 밖에도 오름이라고 불리는 비교적 작은 화산체들이 제주 곳곳에 약 360여 개가 분포하고 있다. 오름은 분석구, 응회환, 응회구, 용암돔 등의 지형을 포함한다.

수성화산활동

뜨거운 마그마가 차가운 물과 만나면서 급격히 식는 동시에 물은 끓게 되면서 다량의 수증기를 함유한 큰 폭발을 일으키게 된다. 이를 수성화산활동이라 부르며, 이렇게 수증기와 혼합된 화산쇄설물들이 퍼지면서 퇴적층을 형성한다.

순상화산

형태로 분류한 화산체의 한 종류로, 주로 유동성이 큰 용암이 흐르면서 마치 방패를 엎어 놓은 것과 같이 경사가 완만하다는 의미에서 순상화산이라 부른다.

순상화산과는 달리 유동성이 적은 용암이 흘러 급한 경사를 갖는 경우 성층화산이라 부르며 일본의 후지산이 대표적인 예이다.

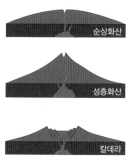

한라산 백록담과 백두산 천지

한라산과 백두산은 한반도의 남쪽과 북쪽을 대표하는 화산이다. 이들 모두 정상에 호수가 형성돼 있다는 것은 유사하나 형성 과정은 좀 다르다.

한라산의 백록담은 화산 분출에 의해 산 정상부에 형성된 오목한 분화구에 물이 고인 것이지만 백두산 천지는 칼데라 지형에 형성된 칼데라호인 것이다.

분화구는 단순히 화산 폭발에 의해 주변부에 퇴적물이 둘러싸여 있는 오목한 지형을 일컫는데 대체로 그 크기는 1km 이하의 소규모이다. 반면 칼데라는 분화구 주변이 함몰되어 2차적인 대규모 분지를 형성하기에 보통 수 km 이상의 직경을 가진다.

분석구

비교적 규모가 작은 화산 폭발로 인해 형성된 오름으로 높이는 200~300m 이하, 경사는 30도 내외로 급한 것이 특징이며 보통 정상에 깔때기 모양의 화구가 있다. 형태는 비슷하지만, 육지에서 생기는 분석구와는 달리 물과 반응하는 수성화산활동에 의해 형성되는 것을 응회구라 한다. 제주도의 한라산 기슭에 분포하는 오름의 대부분이 바로 이 분석구에 해당한다.

응회환

수성화산 분출에 의해 50m 이하의 높이와 25도 이하의 완만한 경사를 갖는 오름을 말한다.

응회구

수성화산 분출에 의해 50m 이상의 높이와 25도 이상의 급한 경사를 갖는 오름을 말한다.

용암돔

산방산과 같이 점성이 높은 용암으로 인해 멀리 퍼지지 못하고 높게 쌓여 매우 급한 경사를 갖는 오름을 말한다.

수월봉

해안가에 접한 이 언덕은 높이가 77m에 불과한 작은 오름이지만 정상에 서면 눈부시게 푸른 제주도의 서쪽 바다를 한눈에 내려다볼 수 있을 뿐만 아니라 일몰 시각에 맞춘다면 가장 아름다운 석양을 품에 안을 수 있다.

더군다나 해안가로 내려가면 절벽에 드러난 화산쇄설암층에서 다양한 화산 퇴적 구조를 관찰할 수 있기에 지질학적 가치도 매우 큰 명소이다.

17

수월봉 정상

수월봉 정상 부근에 주차를 하고 잠시만 올라가면 확 트인 바다를 조망할 수 있는 전망대가 나타난다. 다소 강한 바람이 불어오지만 푸른 제주도 바다와 차귀도 를 바라보는 풍경이 제법 만족감을 주고 있다.

이 수월봉 위에서는 그저 바다 전망을 즐기면 그만이 다. 그런 후 엉알길 산책로를 따라 바닷가로 내려가면 이곳의 지질 특성을 한눈에 볼 수 있는 해안 절벽이 잘 발달해 있다.

엉알길 산책로

북쪽의 차귀도 포구부터 남쪽 수월봉까지 이어진 이 산책로는 해안선을 따라 이어지기에 빼어난 바다 풍경은 물론 수월봉 일대의 화산 퇴적층을 살펴보기에 더없이 유익한 환경을 갖추고 있다.

수월봉 일대는 약 18,000년 전 지하에서 상승하던 뜨거운 마그마가 차가운 바닷물과 만나면서 강력하게 폭발하여 뿜어져 나온 화산재들이 쌓이면서 형성된 응회환의 일부이다. 이렇게 화산재가 겹겹이 쌓이면서 만들어진 수월봉 화산쇄설암층에서는 판상의 층리가 연속해서 발달하게 되어 마치 시루떡을 연상시키는 구조들이 잘 발달해 있다.

특히 화쇄난류가 흘러가며 쌓은 거대한 사층리 구조가 눈길을 끌고 있다. 이러한 구조들은 화산활동에 의한 응회환의 분출과 퇴적 과정을 이해하는 데 중요한 자료로서 지질학적 가치가 매우 크다.

그 밖에, 우리나라에서 가장 오래된(약 1,000~12,000년 전) 신석기 유적인 고산리 선사유적지와 당산봉 주변을 도는 탐방로를 방문해 보는 것도 좋다.

화쇄난류

화산쇄설물이 화산가스나 수증기와 뒤섞여 사막의 모래 폭풍처럼 빠르게 지표면 위를 흘러가는 현상을 말한다.

화쇄난류는 화산쇄설물 운반의 중요한 방법이자 화산재해를 일으키는 중요한 원인이 되기도 하는데, 화구 근처에서는 비교적 큰 쇄설물이 쌓여 괴상층을 만들지만 화구에서 멀어질수록 입도가 작아져 판상층리와 사층리 등의 구조들이 차례대로 만들어진다.

화산쇄설물
화산재, 화산탄, 화산암괴 등의 화산 물질로 이루어진 분출물

사층리
물결모양과 같은 지층의 퇴적 구조

산방산과 용머리해안

제주도 남서쪽 해안가에 느닷없이 우뚝 솟아 있는 해발 395m의 용암돔인 산방산은 바다로 흘러들어가듯 뻗어 나간 용머리 해안과 함께 제주에서 가장 오래된 화산 지형 중 하나이다.

예전부터 그 독특한 지형적 특색으로 인해 제주도에서 가장 유명한 명소로 한 자리를 차지하고 있는 이곳은 용머리 해안 탐방로를 걸으며 바다와 오름을 함께 즐기고 학습할 수 있는 훌륭한 지질공원 역할을 하고 있다.

산방산의 형성

산방산은 약 80만 년 전에 형성된 조면암질 용암돔
으로 제주에서 가장 오래된 화산 지형 중 하나이다.
오름의 형태는 용암의 종류에 따라 다양한 모양을 형
성할 있는데, 산방산을 만든 용암은 조면암질 용암으로
점성이 매우 크기 때문에 화구로부터 서서히 흘러나와
멀리 흐르지 못하고 금방 굳어버리므로 이처럼 급한
경사와 절벽을 만들면서 종 모양의 돔을 이루게 된다.
이런 돔 모양의 오름은 우리나라 어디에서도 찾아보기
힘든 희귀한 화산 지형이기에 그 지질학적 가치가 더
욱 크다고 할 수 있다.

용암돔

용머리 해안

산방산 남쪽 인근의 해안가에 자리 잡은 용머리 해안은 용이 머리를 들고 바다로 들어가는 모습과 닮았다고 해서 붙여진 이름이다.

이 용머리 해안은 제주도 형성 초기의 수성화산활동에 의해 형성된 응회환으로, 한라산과 용암대지가 만들어지기 훨씬 이전에 퇴적되었기에 그 학술적 가치가 크다.

용머리 해안가를 따라 놓여있는 탐방로를 걸으며 응회환의 전형적인 특성뿐만이 아니라 푸른 바다와 파도 그리고 산방산까지 전망할 수 있기에 매우 훌륭한 명소가 되고 있다.

응회환과 응회구

높이가 낮고 경사가 완만한 화산체를 응회환이라 하며, 상대적으로 높이가 높고 경사가 가파른 것을 응회구로 분류한다.

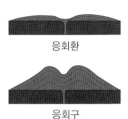

응회환

응회구

대포주상절리

제주도 서귀포시 중문 일대의 해안가를 따라 약 2km에 걸쳐 발달한 대포주 상절리대는 푸른 바다 및 하얀 파도와 어울리며 환상적인 풍경을 자아낸다. 이 해안가의 잘 닦인 탐방로를 따라 걸으며 제주도에서도 가장 전형적인 주 상절리의 모습을 잘 보여주는 이곳의 경치를 만끽하는 것은 큰 행운이 아닐 수 없다.

대포주상절리의 형성

약 25만 년 전에서 14만 년 전 사이에 분출된 용암에 의해 형성된 대포주상절리는 최대 높이가 약 25m에 달하며 5각형 내지 6각형 모양의 단면을 가지고 있다. 중문의 옛 이름인 지삿개를 따서 '지삿개 주상절리'라고도 하는데 천연기념물 제443호로 지정하여 보호 및 관리하고 있다.

화산 활동으로 형성된 제주도이기에 곳곳에 주상절리가 발달하고 있는데 대표적인 곳으로는 이곳 대포주상절리 이외에도 중문 예래동 해안가, 안덕계곡, 천제연폭포, 산방산 등이 있다.

주상절리 columnar joint

주상절리는 뜨거운 용암이 식으면서 일어나는 수축작용으로 인해 암석의 부피가 줄어들어 수직으로 쪼개짐이 발생하면서 만들어진다.

보통 5각형 또는 6각형의 단면을 가진 기둥을 형성하기에 위에서 바라보면 마치 벌집처럼 보인다.

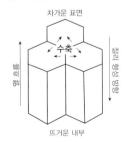

천지연폭포

기암절벽 위에서 천둥 같은 소리를 내며 쏟아지는 하얀 물기둥이 땅과 만나기에 "하늘과 땅이 만나는 연못"이라는 뜻의 천지연폭포.
제주도를 대표하는 폭포 중의 하나로, 22m 위에서 쏟아져 내려오는 천지연폭포와 이를 둘러싼 절벽이 수많은 이들을 불러들이는 절경을 만들어내고 있다.

서귀포층 패류화석 산지 📷 📍

용암대지가 제주도를 온통 뒤덮기 전, 수성활동으로 인한 퇴적물이 쌓여 형성된 서귀포층을 직접 관찰할 수 있는 곳.
다양한 바다 생물의 화석과 흔적을 쉽게 찾을 수 있어 해안을 걷는 재미가 더욱 크다.

서귀포층

서귀포층은 천지연폭포 남쪽의 해안가 절벽을 따라 약 1.5km에 걸쳐 드러나 있다. 이곳은 제주도 지하에 넓게 깔려 있는 서귀포층의 일부가 솟아올라 있기에 땅 위에서 서귀포층을 관찰할 수 있는 유일한 장소이기도 하다.

서귀포층의 형성

제주도 일대가 얕은 바다였던 약 180만 년 전, 지하에서 상승한 마그마가 물과 만나 격렬하게 반응하는 수성화산 활동이 활발히 일어났다. 화구 주변에 화산 분출물이 쌓이면서 곳곳에 수성화산체들이 생겨났으며, 오랜 시간 동안 이 화산체들이 파도에 의해 깎이고, 해양 퇴적물과 함께 쌓이기를 반복하면서 약 100m 두께의 서귀포층이 형성되었다. 그 후 계속된 화산활동으로 용암이 그 위를 덮으면서 제주도 지하에 자리 잡게 되었다. 서귀포층을 구성하고 있는 화산분출물과 해양 퇴적물은 제주도 형성 초기 화산활동의 흔적과 해양 환경을 알려주는 중요한 자료이다.

서귀포층의 화석

서귀포층에는 패류화석을 비롯하여 다양한 해양 생물 화석이 산출되는데, 따뜻하고 얕은 바다에서 살던 연체동물 화석을 비롯하여 유공충, 개형충, 완족류, 산호, 고래 뼈, 상어 이빨 등과 각종 생물의 흔적들이 관찰된다.

또한 서귀포층은 우리나라에서 유일한 신생대 제4기 초(180만 년~55만 년 전) 퇴적층으로 당시 동북아시아 주변의 고해양 환경을 해석하는 데 중요한 지층으로 평가받고 있다. 이러한 화석종의 다양성과 기후학적 중요성으로 인해 서귀포층은 1968년 천연기념물과 지정되어 관리되고 있다.

서귀포층은 학술적 가치뿐만 아니라 제주도민의 생활
과도 밀접한 관련이 있다.
물을 잘 통과시키지 않는 서귀포층은 지하수가 더 깊
은 곳으로 스며들지 못하게 하여 제주에 물 자원을 제
공하는 중요한 역할을 하고 있는 것이다.

서귀포층 패류화석

서귀포층 패류화석 산지

서귀포 패류화석층은 해안절벽을 따라 약 40m 두께로
나타나며, 현무암질 화산재 지층과 바다에서 쌓인 퇴적암
지층으로 구성되어 있다. 서귀포층은 제주도 형성 초기에
일어난 화산활동과 그로 인한 퇴적물들이 쌓여 생성된
퇴적층으로, 고기후 및 해수면 변동을 지시하는 고생물학적,
퇴적학적 특징들을 간직하고 있다. 이러한 화석종의 다양성
으로 서귀포층은 1968년 천연기념물로 제195호로 지정·
관리되고 있다.

Shell fossils of the Seogwipo Formation

The 40-m thick Seogwipo Formation is mainly composed
of basaltic volcaniclastic rocks and non-volcanic
sedimentary layers deposited from the early to middle
Pleistocene. Because of the fossil diversity in the
formation, it was designated as a Natural Monument
of Korea(no. 195) in 1968.

西歸浦層貝類化石產地

西歸浦貝類化石層沿海岸絶壁形成，厚約40m，由玄武
岩質火山灰地層和因海浪堆積而成的堆積岩地層構成。
西歸浦層是濟州島形成初期的火山活動引起的堆積物堆
積生成的堆積層，具有顯示古代氣候和海水面變動情況
的古生物學、堆積學等的特徵。因這些化石種的多樣性，
西歸浦層于1968年被指定爲天然紀念物第195號加以管理。

西帰浦層貝類化石産地

西帰浦層貝類化石は海岸跑壁に沿って厚さ約40メート
ルにわたって露出しており、玄武岩質の火山灰地層と
海に積もった堆積岩層で構成されている。西帰浦層は
済州島の形成初期に生じた火山活動とそれに伴う堆積
物による堆積層で、古気候や海水面変動を示唆する古
生物学的、堆積学的特徴を有している。このような化
石種の多様性が評価され、西帰浦層は1968年に天然記
念物第195号に指定されている。

성산일출봉

제주도 동쪽 해안가 밖으로 우뚝 돌출해 솟아 있는 이 오름은 제주도에서도 가장 인기 있는 명소 중의 하나이다.

성산일출봉에 올라 분화구와 주변의 풍경을 내려다보는 것도 좋지만 섭지코지 등과 같이 좀 멀리 떨어진 곳의 해안가에서 이곳을 바라보는 것도 매우 훌륭한 감성을 이끌어낼 수 있는 방법이다.

성산일출봉

성산일출봉은 약 5천년 전 얕은 수심의 해저에서 수성 화산분출에 의해 형성된 전형적인 응회구이다.

높이는 180m로 제주도의 동쪽 해안에 자리 잡고 있는 이 응회구는 사발 모양의 분화구를 잘 간직하고 있을 뿐만이 아니라 해안 절벽을 따라 다양한 내부 구조를 훌륭히 보여 주고 있다.

이러한 특징들은 일출봉의 과거 화산활동은 물론 전 세계 수성화산의 분출과 퇴적 과정을 이해하는 데 매우 중요한 자료를 제공해 주고 있다는 점에서 커다란 지질학적 가치가 있다.

성산일출봉의 지형 특성

성산일출봉에 오르면 오목한 접시 모양의 분화구를 볼 수 있는데, 그 지름은 600m, 넓이는 13만㎡로 화구 바닥까지의 깊이는 90m에 이른다.

이 오름이 생길 당시에는 육지와 떨어져 있었으나 침식된 퇴적물이 해안으로 밀려들어 와 쌓이면서 지금처럼 이어지게 되었다.

분화구 주변은 날카로운 99개의 봉우리들이 둘러싸고 있고 분화구 안에는 다양한 풀들이 자라고 있어 마치 목초지를 보는 듯하다.

성산일출봉에는 제주의 아픈 역사도 간직되고 있는데, 1943년 일본군이 이곳을 요새화하기 위해 해안 절벽에 24개의 굴을 팠다고 한다. 굴속에는 폭탄과 어뢰 등을 감춰 두고 미군과의 일전에 대비했지만 제대로 사용하지 못하고 패전하게 된다.

37

만장굴

용암이 만들어 낸 거대한 이 동굴은 내륙에서 흔히 볼 수 있는 석회암 동굴과는 또 다른 매력이 있다.

거문오름에서 분출한 용암이 14km를 흐르며 해안가에 도착하는 동안 만들어 낸 여러 용암 동굴 중에서도 단연 으뜸의 규모를 자랑하는 이 아름다운 동굴 속을 탐험하는 것은 매우 즐거운 일이 될 것이다.

39

거문오름 용암동굴계

약 20만 년~30만 년 전, 한라산 북동쪽에 위치한 거문오름에서 분출한 오름은 북동쪽 해안까지 14km를 흐르며 벵뒤굴, 웃산전굴, 만장굴, 김녕굴, 용천동굴, 당처물동굴 등 여러 동굴을 형성하였다. 이를 "거문오름 용암동굴계"라고 하며 유네스코 세계자연유산에 등재될 만큼 학술적 가치가 클 뿐만 아니라 신비롭고 아름다운 내부의 모습으로 인해 많은 사람들이 찾는 명소가 되고 있다.

용암동굴의 형성 과정

대부분의 용암동굴은 점성이 낮은 현무암질 용암이 흘러가면서 만들어진다. 공기와 맞닿은 표면이 먼저 굳은 후, 내부를 따라 흐르던 용암이 빠져나가 빈 통로가 생기면서 동굴 형태가 완성된다. 이렇게 형성된 동굴 안으로 계속해서 용암이 흐르면, 그 열에 의해 동굴 바닥이 지속적으로 녹으면서 동굴은 점점 깊어진다.

제주국제공항

김녕굴　당처물동굴
만장굴　용천동굴
벵뒤굴　대림굴
웃산전굴
거문오름　거문오름 용암동굴계
한라산

거문오름 용암동굴계의 대표, 만장굴

거문오름 용암동굴계에서 규모가 가장 큰 만장굴은 그 길이가 약 7.4km에 이르며 주 통로의 폭은 18m, 높이는 23m에 이르는 세계적으로도 규모가 큰 용암동굴이다. 특히 수십만 년 전에 형성된 동굴로서 내부의 형태와 지형이 잘 보존되어 있기에 학술적, 보전적 가치가 더욱 크다.

동굴의 천장이 함몰되면서 만들어진 총 3개의 입구가 존재하지만, 이중 중간의 두 번째 입구만 일반인에게 공개된 상태이며 이를 통해 약 1km 구간만 탐방이 가능하다.

이 탐방 구간에는 용암 종유석, 용암 석순, 용암 석주 등의 다양한 동굴 생성물이 발달하고 있으며, 특히 개방 구간 끝에서 볼 수 있는 약 7.6m 높이의 용암 석주는 세계에서 가장 큰 규모로 알려져 있다.

종유석

동굴의 천장에 고드름처럼 매달린 원추형의 광물질. 보통 석회암 동굴에서 흔히 관찰된다.

석순

주로 석회암 동굴의 천장에서 떨어지는 물방울에 들어 있는 석회질 물질이 동굴 바닥에 쌓여 원추형으로 쌓인 돌출물.

석주

종유석과 석순이 자라면서 서로 맞닿아 기둥처럼 연결된 것을 말한다.

종유석

석주

석순

선흘 곶자왈

용암 대지에 우거진 숲과 늪 그리고 다양한 동식물이 공존하는 곶자왈은 보존 가치가 매우 높은 아름다운 지대이다.
숲 사이로 수수하게 뻗은 오솔길을 걸으며 바다가와는 또 다른 매력을 지닌 울창한 산림 지대의 매력에 빠져 보는 것도 좋을 것이다.

선흘 곶자왈

선흘 곶자왈은 거문오름에서부터 북오름을 지나 선흘 1리까지 이어진 곶자왈 지대를 칭하는데, 그중 동백동산이 대표적인 지역이다.

동백동산은 점성이 낮은 용암이 흐르면서 형성된 완만한 용암대지에 발달한 독특한 숲인데, 지표면이 돌 투성이라 오래전부터 경작지로써 활용이 어려워 자연적인 상태로 남게 되었다.

동백동산에는 먼물깍으로 알려진 습지가 분포하고 있는데, 다양한 동식물이 자생하는 등 보존가치가 높기에 2011년 람사르 습지로 지정되었다.

곶자왈

제주어로 "곶"은 숲을 뜻하고 "자왈"은 자갈이나 바위 같은 암석 덩어리를 뜻한다. 즉 "곶자왈"이란 제주도에서 흔히 볼 수 있는 화산암의 돌멩이들이 불규칙하게 얽혀 있고, 다양한 동식물이 공존하며 독특한 생태계가 유지되고 있는 지대로 정의할 수 있다.

제주도 곶자왈 분포 지역

곶자왈은 대부분 해발고도 200~400m 내외의 낮은 산간지역에 분포한다. 따라서 사람이 주로 살던 해안 지역과 목축 등으로 사용되는 고산 지역의 중간에 위치하기에 자연스럽게 완충 지대의 역할을 해왔다. 이런 곶자왈은 제주의 동서 방향을 따라 주로 발달하고 있다.

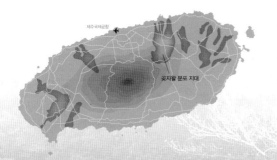

람사르 습지

독특한 생물지리학적 특성을 가진 곳이나 희귀 동식물종의 서식지 또는 물새 서식지로서의 중요성을 가진 습지를 보호하기 위해 1971년 2월, 이란의 람사르에서 여러 국가들이 모여 협약을 체결하였고 1975년에 발효되었다.

우리나라는 1997년에 가입하였으며, 2016년 현재 람사르 협회에 등록된 람사르 습지는 총 22곳이 있다.

위치·제주시 조천읍 선흘리 「동백산동 습지센터」

부산
국가지질공원

Busan Geopark

어느 해안가를 점령해 버린, 높게 솟구친 고
층 빌딩들. 그러나 또 다른 해안가는 오랜 세
월 파도에 침식된 거친 절벽이 여전히 바다와
맞닿은 채 비경을 간직하고 있는 곳.
거대한 도시 부산은 이렇게 이중적인 바다
를 가지고 있기에 더욱 가 보고 싶은 곳일
지도 모른다.
푸른 바다를 품은 큰 도시의 낭만은 그만큼
매력적이다. 들쭉날쭉한 해안가를 따라 아름
다운 지질 명소들이 널려 있고 예전엔 쉽게
갈 수 없었던 그 아찔한 해안 절벽은 이제 누
구나 편히 오갈 수 있는 산책로를 갖추었으
니 여유로운 마음과 가벼운 발걸음으로 찾
아가 보자.

"부산 지질공원의 명소"

×

바다와 강 그리고 산을 모두 가진 아름다운 도시, 부산은 다양하고 독특한 풍경과 지질 유산을 보유하고 있으며 접근성과 인프라도 훌륭하기에 국내 유일의 도시형 지질공원으로서 그 장점이 더욱 돋보인다.

강과 바다가 만나 국내 최대의 현생 삼각주를 형성하는	낙동강 하구
다양한 지질 특성을 간직한 지질학의 교과서	몰운대
다양한 암석과 화석 그리고 아름다운 해안 절경	송도반도
오래전 작은 반도였으나 파도의 침식으로 섬이 돼버린	오륙도
부산을 대표하는 명소이자 뛰어난 풍경의 해안절벽	태종대
파도에 침식된 다양한 화산암과 퇴적암이 빚어낸 절경	이기대
다양한 지질 구조를 볼 수 있는 무인도	두도

한탄강 국가지질공원
강원평화지역 국가지질공원
강원고생대 국가지질공원
청송 국가지질공원
전북 서해안권 국가지질공원
부산 국가지질공원
제주도 국가(세계)지질공원

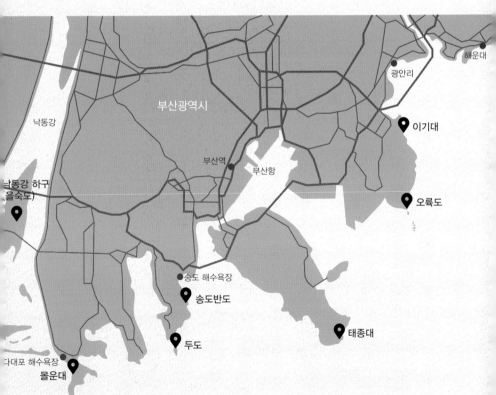

해운대
광안리
부산광역시
낙동강
이기대
부산역
부산항
낙동강 하구
(을숙도)
오륙도
송도 해수욕장
송도반도
태종대
두도
다대포 해수욕장
몰운대

낙동강 하구

태백시의 황지 연못에서 발원하여 400km를 흘러 마침내 바다와 만나는 낙동강은 비로소 거대한 삼각주를 형성하며 그 여정을 마친다.
어디까지가 바다이고 어디까지가 강인지 구분조차 안 가는 거대한 낙동강 하구와 삼각주는 철새가 찾아오는 아름다운 생태 명소이자 모래가 쌓여 만들어진 아름다운 지형들이 어우러진 천연의 보고이다.

생태계의 보고

부산광역시 사하구에 위치한 낙동강 하구는 천연기념물 제179호로 지정된 하구 습지로, 낙동강이 운반한 모래나 자갈이 쌓여 수면 밖으로 드러난 연안 사주와 넓은 갯벌이 펼쳐져 있는 동시에 민물과 바닷물이 만나는 곳이기에 생물 다양성이 매우 풍부하다. 따라서 해마다 철새들이 찾고 있는 생태계의 보고이다.

연안사주

이 낙동강 하구에는 대마등, 맹금머리 등, 백합등, 도요등, 장자도, 신자도 등의 크고 작은 연안사주들이 형성되어 장관을 이루고 있는데, 이러한 연안사주는 낙동강이 운반해 온 토사가 남해 바다의 파도에 의해 침식되고 쌓이기를 반복하면서 그 모양과 크기의 변화가 지속되고 있기에 우리나라에서 가장 지형 변화가 심한 곳이기도 하다.

삼각주의 형성

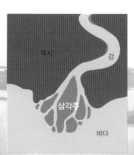

강물에 의해 운반되어 온 모래나 진흙 등이 바다와 만나는 강 하구에 도달하여 퇴적되면서 삼각형의 지형을 만들게 되는데 이를 삼각주라 한다. 이 삼각주 일대는 민물과 바닷물이 만나 섞이는 기수 지역이기에 생물 다양성이 풍부해 철새들의 훌륭한 보금자리가 된다.

에코센터와 아미산 전망대

낙동강 하구의 지형과 생태를 가장 잘 관찰할 수 있는 곳은 을숙도에 마련된 에코센터와 섬 남쪽의 전망대 그리고 아미산 전망대가 있다.

에코센터는 낙동강 하구의 생태와 지형에 대한 자료들을 전시하고 있으며 다양한 자연학습 체험 프로그램도 운영하고 있다. 또한 이곳에서 남쪽으로 이어진 지질탐방로를 따라 걸으며 직접 낙동강 하구의 지형과 생태 특성을 관찰할 수도 있다.

낙동강 하구의 전체적인 지형 특성을 한눈에 바라보고 싶다면 아미산 전망대로 향하는 것도 좋다. 높은 언덕 위에 자리 잡은 이 전망대는 낙동강 하구에 형성된 다양한 연안사주의 분포와 형태를 관찰하기에 매우 좋다.

연안사주 offshore bar

파도의 작용으로 해안선과 거의 평행하게 형성되는 좁고 긴 모래사장의 퇴적 지형을 말한다.

해안사구 coastal sand dune

파도에 의해 밀려온 모래가 다시 바닷바람에 의해 낮은 구릉 모양으로 쌓인 언덕 지형을 말한다. 사막 등과 같이 육지에 생긴 것은 사구(sand dune)라 한다.

석호 lagoon

사주 등에 의해 바다로부터 분리되어 연안에 형성된 얕은 호수를 의미한다. 우리나라에서는 경포대, 화진포 등과 같이 강릉 일대에 많이 형성되어 있다.

사취 sand spit

연안류가 돌출부를 지나 유속이 느려지면서 운반해 온 모래를 퇴적시켜 형성된 좁은 지형. 사취가 발달하여 석호를 형성시킨다.

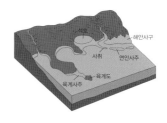

몰운대

다대포 해수욕장의 남동쪽 끝, 모래사장이 끝나는 부근에 자리한 원래는 섬이었던 몰운도는 이제 모래가 쌓이면서 육지와 연결되어 버리면서 몰운대로 불리고 있다.

해안에 밀려와 쌓인 모래를 밟으며 더 이상 섬이 아닌 이곳의 해안 절벽으로 다가서면 눈부시게 빛나는 태양과 푸른 바다가 인상적으로 다가온다. 그리고 곳곳에 드러난 다양한 암석을 살펴보며 잘 닦인 길을 따라 걸으면, 얼마 되지 않는 이 짧은 탐방로가 더없이 아쉽게 느껴질 뿐이다.

육지와 이어진 육계도

16세기까지도 몰운도라고 불리던 섬이었지만, 낙동강에서 밀려온 토사의 퇴적으로 모래톱이 형성되면서 이제는 작은 반도가 되어 버린 몰운대는 낙동강 하구에 안개와 구름이 끼는 날이면 이 일대가 뿌옇게 대기 속에 잠기면서 보이지 않는 데에서 그 지명이 비롯되었다.

이렇게 육계도라는 독특한 지형을 가진 몰운대는 거친 해안절벽, 파식대지, 역빈 등의 다양한 지형과 아름다운 경관으로 유명하다. 더군다나 역암, 사암, 실트암, 이암 등으로 이루어진 다대포층 퇴적층과 안산암, 유문암 등의 화산암류 등 다양한 암석들을 관찰할 수 있어 지질학적으로도 매우 중요한 명소가 되고 있다.

육계도

육지 가까이에 섬이 있는 경우 보통 육지와 섬 사이의 바다가 얕기 때문에 연안류에 의해 운반된 모래 등의 퇴적물이 쌓이기 쉽다. 이렇게 퇴적된 모래가 사주를 만들고 결국 섬과 연결되는데, 이렇게 육지와 연결된 섬을 육계도라고 한다. 제주도의 성산일출봉이 대표적인 예이다.

역빈

모래가 퇴적된 사빈과 달리 자갈이 주로 퇴적되어 있는 해안.

파식대지(해식대지)

암석으로 이루어진 해안이 파도의 침식 작용에 의해 육지 쪽으로 후퇴하면서 해수면 부근에 형성된 좁고 평탄한 지형. 해식 절벽이나 해식동굴이 함께 형성되기도 하며, 만조 시에는 해수면 아래로 잠기다가 간조 시에는 해수면 위로 노출되기도 한다.

송도반도 📷 📍

송도 해수욕장에 펼쳐진 모래사장이 끝나고 그 아래로 이어지는 해안 절벽
은 너무나 아름다운 해안 전망을 보여 주며 남쪽의 암남공원까지 이어진다.
걷는 기쁨을 만끽할 수 있는 이 800m의 탐방로는 종종 계단과 흔들다리를 거
쳐가기에 그 아래로 하얗게 부서지는 파도와 절벽을 생생하게 느낄 수 있다.
그리고 바다를 건너는 케이블카와 파란 수면에 떠 있는 배 그리고 맞은편에
우뚝 선 빌딩들이 묘한 대비를 이루며 이 반도의 절벽을 걸어가는 낭만과 기
쁨을 더해 준다. 부산의 여러 명소 중에서도 특히나 빼어난 곳이 아닐 수 없다.

다양한 지질 특성의 보고

송도 해수욕장 남쪽에서 암남공원으로 이어지는 송도 반도 지질 명소는 누구나 쉽게 오갈 수 있는 산책로를 따라 분포하고 있다. 이곳에서는 아름다운 해안 풍경과 함께 퇴적암으로 이루어진 다대포층, 화산활동으로 형성된 화쇄류암, 용암이 흘러 만들어진 현무암 및 이들을 관입한 유문암 등 다양한 암석들을 관찰할 수 있다. 또한 공룡알 둥지 화석이나 단층, 역빈 등도 찾아볼 수 있기에 훌륭한 지질명소로서의 가치가 매우 크다.

암남공원

1972년 자연공원으로 지정되었으나 군사보호구역에 묶여 출입이 통제되었다가 1996년에 개방되었다. 공원 전체가 해양성 수목의 울창한 숲으로 이루어져 있으며 500여 종의 해양 식물과 야생화 등 도심에서는 보기 드문 자연 생태계를 이루고 있다. 입구부터 조성된 산책로를 따라 삼림욕을 즐기며 곳곳에 암석으로 조각된 예술품을 구경할 수 있다.

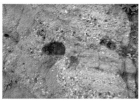

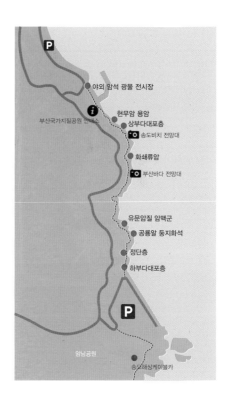

오륙도

유명 대중가요의 가사 속에 자리 잡고 있어 부산을 가 보지 않은 사람들에게도 친숙한 오륙도는 이 도시를 대표하는 섬 중에 하나임이 분명하다.
이기대의 남단 끝에서 바라본 오륙도는 눈부시게 푸른 바다와 하늘 사이에서 여전히 파도에 맞서며 우뚝 서 있으며, 침식에 의한 다양한 지형과 동식물들이 어우러져 장관을 이루고 있다. 부산항의 관문을 지키는 이 바위섬은 바라보는 것만으로도 가슴이 탁 트일 만큼 절묘한 풍경을 만들어 낸다.

오륙도. 다섯 개 내지 여섯 개의 섬. 그 이름이 오륙도
인 것은 일렬로 옹기종기 늘어서 있는 섬들이 다섯 개
로도 보였다가 여섯 개로도 보였다 해서 붙여진 이름
이다. 사실, 육지에서 가장 가까운 섬인 우삭도를 시
작으로 수리섬, 송곳섬, 굴섬, 등대섬의 5개 섬이 존재
한다. 그중 첫번째 섬인 우삭도는 다시 방패섬과 솔섬
으로 구분하는데 이 두 섬의 하단이 거의 붙어 있기에
밀물과 썰물 때처럼 해수면의 높이가 달라지면 둘로
갈라져 보이거나 하나로 보이기 때문에 그러한 명칭이
유래했다는 설도 있으며, 과거의 문헌에 의하면 동쪽
에서는 여섯 봉우리로 보이고 서쪽에서 보면 다섯 봉
우리로 보인다는 기록에서 그 기원을 찾아볼 수 있다.

현재는 다섯 개의 섬이든 여섯 개의 섬이든 육지와 분
리된 섬들이지만 사실 12만 년 전에는 육지와 연결된
작은 반도였던 것으로 추정되며 오랜 세월 동안 파도
의 침식 작용에 의해 깎여 나가면서 지금과 같은 모습
을 형성한 것으로 보고 있다.

육지에서 가장 먼 섬인 등대섬에는 등대와 등대지기가
있으며 나머지 섬들은 모두 무인도이다.

태종대

번잡한 도심에서 벗어나 두 개의 다리로 육지와 연결된 섬으로 들어간다. 그러고도 한참을 남쪽으로 내려가면 마치 부산의 끝에 다다른 느낌을 주는 이곳이 나온다. 오륙도와 더불어 부산을 대표하는 명소 중의 하나인 태종대는 숲과 바다를 모두 느낄 수 있는 천혜의 지형이다.

여유롭게 걸으며 숲과 공기를 느끼고, 이내 절벽으로 다가가 100m에 달하는 아찔한 해안 절벽의 끝에 설 수 있는 긴장감이 있는 곳. 맑은 날은 저 멀리 대마도까지 바라볼 수 있는 탁 트인 개방감과 함께 곳곳에 숨겨진 지질명소를 찾아보며 한동안 시간을 보내기에 더없이 훌륭한 곳이다.

신라 시대 태종무열왕이 이곳에서 활쏘기를 즐겼다 하여 그 이름이 유래된 태종대는 부산을 대표하는 명승지로 부산 시민은 물론 많은 국내외 관광객이 이곳을 찾고 있다.

태종대는 화산활동에 의한 응회질 퇴적암으로 이루어져 있으며 파도의 강한 침식 작용에 의해 형성된 해식대지, 해식애, 해식동굴 등의 수려한 지형이 압권이다. 또한 곳곳의 지질 명소에서 볼 수 있는 다양한 퇴적구조와 지질구조는 침식과 융기에 의해 형성된 태종대의 지질 특성을 잘 엿볼 수 있는 중요한 기록이 되고 있다.

태종대는 일반 차량이 진입할 수 없으므로 정문 부근에 마련된 주차장에 주차 후 도보 또는 유료 관광 차량(다누비 열차)을 이용해 곳곳의 명소로 이동할 수 있다. 주요 지질 명소는 전망대를 지나 두 번째 정류장인 영도등대에서 내려 해안 절벽을 따라 가파른 계단을 내려가면 만나는 해안가를 따라 분포하고 있다.

해식대지

암석으로 이루어진 해안가가 파도의 침식에 의해 평탄하게 형성된 지대.

해식애 sea cliff

파도의 침식 작용에 의해 형성된 해안가의 절벽을 말한다. 주로 산지가 해안까지 연결된 암석해안 지형에서 나타난다.

해식동굴 sea cave

해식애 중에서 연약한 부분이 상대적으로 더 큰 침식 작용을 받아 움푹 파이거나 무너져 내리면서 생긴 굴을 말한다.

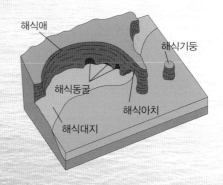

이기대

해안절벽을 따라 조성된 산책로에 올라서면 시원한 파도 소리와 함께 눈부신 바다를 곁에 두고 차분한 걸음을 옮길 수 있는 곳.
북쪽 끝 동생말에서 남쪽 끝의 오륙도 해맞이공원까지 이어지는 약 4km 길이의 산책로에는 바윗길도 흙길도 구름다리도 만나게 된다. 동시에, 화산활동으로 분출된 용암과 화산재가 만든 다양한 화산암과 퇴적암이 파도에 침식되어 형성된 지형을 만나보는 것 역시 즐거운 경험일 것이다.

임진왜란 당시 왜군들이 수영성을 함락시킨 후 경치가 빼어난 이곳에서 잔치를 벌였는데, 두 명의 기생이 잔치에 참석하여 왜장을 잔뜩 술에 취하게 만든 뒤 왜장을 안고 바다로 몸을 던진 곳이라 하여, 두 기생을 기리기 위해 이기대라 부르기 시작했다고 전해진다.

역사와 전설은 아프지만, 약 8천만 년 전 격렬했던 화산활동으로 형성된 이곳의 지형은 오랜 세월 파도의 침식작용으로 발달된 해식애, 파식대지, 해식동굴로 인해 너무나 아름다운 해안가를 이루고 있다.

두도

암남공원의 산책로를 따라 남쪽 끝으로 다가서면 시원한 바다를 내려다 보기에 안성맞춤인 멋진 전망대가 자리를 잡고 있다. 그리고 그 풍경 속에 유독 눈에 들어오는 작은 섬이 하나 있다.

이 섬의 명칭에 대한 유래를 찾아보기 힘들지만 머리섬 또는 대가리섬으로 불렸다는 두도는 암남공원 끝자락의 해안선에서 500m쯤 떨어져 있으나 당장이라도 걸어서 섬에 오를 수 있을 듯 가깝게 느껴진다.

위치·부산시 암남공원 내 「두도전망대」

무인 등대만이 이곳을 지나는 배들에게 섬의 존재를 알려줄 뿐 사람이 살지 않는 무인도라 그런지 육지에서 바라본 두도의 모습은 자못 쓸쓸하게 느껴지기도 한다.

그러나 갈매기의 천국이라 불릴 만큼 바다새들의 천국인 동시에 동백나무, 비쭉이, 해송 등의 다양한 자생식물들이 뿌리를 내리고 있어 실제로는 자연의 생명력이 분주하게 움직이는 섬이기도 하다. 더군다나 해안가의 방파제 주변에는 두도의 모습을 앞에 둔 채 낚시를 즐기는 이들이 상당수라 첫인상과는 달리 사뭇 친근한 모습으로 다가오는 섬이기도 하다.

해발고도 59m의 두도는 섬 중턱을 기준으로 상부와 하부의 모습이 정확히 구분되기도 한다. 거친 파도에 맞서며 오랜 세월 동안 침식이 이루어진 하단부는 맨살의 지층을 드러낸 채 해식애와 해식동굴이 잘 발달하고 있는 반면 섬 상단부는 식생이 우거져 있어 푸른 숲을 이루고 있다. 마치 머리 위에 자란 머리카락처럼. 그래서일까, 두도라는 이름에 고개가 끄떡여진다.

해식애 sea cliff

파도의 침식 작용에 의해 형성된 해안가의 절벽을 말한다. 주로 산지가 해안까지 연결된 암석해안 지형에서 나타난다.

해식동굴 sea cave

해식애 중에서 연약한 부분이 상대적으로 더 큰 침식 작용을 받아 움푹 파이거나 무너져 내리면서 생긴 굴을 말한다.

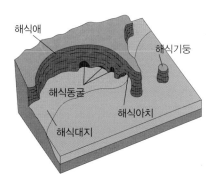

한탄강
국가지질공원

Hantan River Geopark

번잡한 수도권을 벗어나 북쪽으로 한참을 달리자 시나브로 한산해진 도로는 산과 들을 굽이굽이 돌아가고, 심심찮게 마주치는 군부대의 작전차량과 젊은 병사들의 검게 탄 얼굴에 드러난 애잔함은 이곳이 휴전선을 지척에 둔 한탄강 일대라는 것을 피부로 느끼게 해 준다.

누군가에게는 낯설고 또 누군가에게는 익숙할지도 모를 그 모습들을 애써 뒤로한 채, 곳곳에 숨겨진 비경을 찾아가는 길 또한 설렘으로 가득하다.

선캄브리아 시대부터 신생대에 이르기까지 오랜 지질학적 시간 속에 형성된 다양한 지층과 지질 구조는 그 오랜 세월만큼 마주한 침식과 풍화를 통해 신비롭고 아름다운 지형을 형성하고 있다. 특히나 내륙에 발달한 용암지대이기에 그 위를 흐르는 강의 침식 활동으로 인해 드러난 많은 절벽과 폭포는 이곳의 가치를 더욱 높여주고 있다.

"한탄강 지질공원의 명소"

X

한탄강 및 그 주변 지역은 다양한 형태의 주상절리, 판상절리, 용암구조 등 현무암 특유의 지질구조와 독특한 지형이 잘 나타나고 있어 학술적, 경관적, 교육적 가치가 매우 높은 명소들이 즐비하다.

한탄강 제일의 명소	재인폭포
주상절리가 만든 천혜의 자연 성벽	당포성
마치 병풍을 둘러친 듯 수 킬로미터에 걸쳐 이어진	임진강 주상절리
세계 고고학 교과서를 다시 쓰게 한 구석기시대의 유적	전곡리유적 토층
베개를 쌓아 놓은 듯한	아우라지 베개용암
각종 드라마와 영화 촬영지로 유명한	비둘기낭 폭포
폐채석장을 친환경 문화예술 공간으로 조성한	아트밸리와 포천석
높은 주상절리대와 긴 협곡으로 아름다운	멍우리 협곡
짚단을 쌓아 놓은 듯 우뚝 솟은 화강암 바위	화적연
가마솥을 엎어 놓은 것 같은 하천 계곡	교동 가마소
굴처럼 생긴 좁은 현무암 협곡	구라이골
마을을 수호하는 듯 우뚝 솟은 현무암 바위	좌상바위

한탄강 국가지질공원
강원평화지역 국가지질공원
강원고생대 국가지질공원
청송 국가지질공원
전북 서해안권 국가지질공원
부산 국가지질공원
제주도 국가(세계)지질공원

연천군

화적연

멍우리 협곡

교동 가마소

재인폭포

비둘기낭 폭포

구라이골

좌상바위

아우라지 베개용암

임진강 주상절리

전곡읍

포성

전곡리유적 토층

아트밸리와
포천석

동두천시

포천시

재인폭포

경기도 북부 지역, 한탄강 일대에서 가장 아름답고 수려한 경관을 자랑하기에 오래전부터 많은 방문객의 발길이 닿는 곳.
현무암 주상절리에 둥그렇게 둘러싸인 이 폭포의 신비로움은 한탄강과 현무암 지대가 만들어 놓은 최고의 비경이다.

한탄강 주변에는 무수한 용암지대 및 주상절리가 발달하고 있어 어느 지역보다도 독특한 침식 지형을 만나 볼 수 있다. 특히 재인폭포는 현무암 주상절리가 발달하고 있는 한탄강 계곡에 높이 18m로 형성된 이 지역의 대표적인 폭포로, 상부 계곡에서 낙하한 폭포수가 하부 계곡의 바닥을 침식시켜 깊이 5m 수심의 포트홀을 만들고 그 절벽 안쪽으로는 하식동굴을 생성하였다.

하천

강바닥

주상절리 columnar joint

주상절리는 뜨거운 용암이 식으면서 일어나는 수축 작용으로 인해 암석의 부피가 줄어들어 수직으로 쪼개짐이 발생하면서 만들어진다.

보통 5각형 또는 6각형의 단면을 가진 기둥을 형성하기에 위에서 바라보면 마치 벌집같은 모습을 보인다.

포트홀 pot hole (돌개구멍)

하천 바닥에 분포하는 암석의 오목한 곳에 물이 회오리치는 와류 현상이 발생하여 점점 깊은 구멍이 생겨나 만들어진 구멍.

하식동굴

높은 곳에서 떨어지는 폭포수의 차별침식으로 인해 바닥 뒤편의 절벽이 깎여 오목하게 형성된 동굴

당포성

유유히 굽이져 흐르는 한탄강 절벽 위에 역사의 기록에서도 좀처럼 찾기 힘든 허름한 성벽 하나가 있는 듯 없는 듯 놓여 있다. 가까이 가야만 사람이 쌓았음을 알 수 있는 성벽의 존재를 알아챌 수 있지만 멀리서는 그저 임진강을 둘러싼 주상절리의 절벽 위에 자리 잡은 작은 동산처럼 보일 뿐이다. 그러나 직접 그 성벽에 올라 주변의 풍경을 둘러보는 것은 상당히 즐거운 일이기도 하다. 대단하지 않은, 오히려 초라한 성벽이기에 한탄강의 풍경과 잘 어울리는 듯한 느낌을 지울 수가 없다.

당포성은 고구려 시대에 축성된 성으로, 임진강에 발달하고 있는 수직의 주상절리가 만든 20m의 절벽을 자연적인 성벽으로 이용하는 동시에 성으로 접근할 수 있는 일부 진입 부근에만 인위적인 성벽을 쌓은 천혜의 전략적인 요충지이다. 이 성벽의 축조에 사용된 돌은 주변에서 흔히 볼 수 있는 현무암으로, 이렇게 인근의 돌을 이용하는 것은 고구려 성벽의 큰 특징 중의 하나이다.

임진강 주상절리

넓은 용암대지를 가로지르는 임진강은 오랜 세월 동안 침식을 일으키고, 그렇게 형성된 수직의 절벽은 아름다운 현무암 주상절리를 드러나게 한다. 마치 병풍을 둘러친 것 같은 이 독특한 지형은 수 킬로미터에 걸쳐 이어지며 국내의 여느 강과는 다른 신기한 풍경을 만들어 내고 있다.

위치·경기도 연천군 미산면 동이리 64-1

임진강을 가로지르는 동이대교가 건설되면서 조약돌
가득한 강가로의 접근이 한결 수월해졌다. 신비로운
주상절리가 가득한 직벽을 마주한 채, 유유히 흐르
는 임진강 강변에서 텐트를 치고 가족과 함께 뜨거
운 여름 오후의 한낮을 즐기기엔 더없이 좋은 곳이
될 것이다.

단풍이 드는 가을에도 이곳을 찾아야 할 이유는 충분
하다. 주상절리의 절벽을 따라 자라고 있는 담쟁이와
돌단풍이 붉게 물들면서 적벽이라고 불릴 만큼 아름
다운 붉은 색채가 가득한 곳으로 변모하기 때문이다.

전곡리유적 토층

미군 병사가 우연히 발견한 석기로 인해 고고학 교과서를 다시 쓰게 할 정도로 중요한 유적지가 된 전곡리유적 토층. 이제 이곳은 선사박물관과 토층전시관 그리고 체험 프로그램을 갖춘 커다란 유원지로 개발되어 이곳을 찾는 많은 이들에게 신선한 경험을 제공해주고 있다.

1977년, 한탄강 유원지에 놀러 온 그렉 보웬이라는 이름의 한 미군 병사는 우연히 땅에서 석기를 발견하였고 이를 학계에 전달하면서 전곡리 유적은 세상에 드러나게 되었다. 이후 현무암 암반 위에 퇴적되어 있는 2~7m 깊이의 이 토층에 대한 본격적인 고고학 발굴이 시작되었고 이후 지속적인 발굴을 통해 수천 점의 유물이 발견되는 등 동아시아 및 전 세계 구석기 문화를 연구하는 데 매우 중요한 계기를 이루게 되었다. 특히 1978년에 동아시아 최초로 아슐리안형 주먹도끼가 발견되면서 전 세계적으로 주목받기도 하였다.

토층 전시관을 방문하면 전곡리 토층과 이를 발굴하는 현장을 재현한 전시물을 볼 수 있으며, 미려한 건축물에서 구석기 시대와 관련된 다양한 전시물을 선보이는 전곡선사박물관은 특히 어린이들에게 즐거운 장소가 될 것이다. 여기에 그치지 않고, 선사체험마을에서는 인류 문화가 태동하기 시작하는 구석기 시대의 생활상을 체험할 수 있게 도와주는 체험 프로그램을 운영하고 있어 더욱 다채로운 경험을 할 수 있다.

구석기 시대

약 300만 년 전부터 1만 년 전까지를 구석기시대라 하며, 이 시대에 남겨진 인류의 대표적인 유적이 석기다. 구석기인들은 돌을 깨트려 만든 석기로 채집 및 사냥에 이용했다.

아슐리안 주먹도끼

전기 구석기시대의 대표적인 석기로, 끝이 뾰족하고 전체적으로 납작한 타원형으로 생긴 인류 최초의 도구이다. 호모 에렉투스에 의해 만들어진 이 도끼는 손에 쥐는 부분을 제외한 가장자리 전체에 날카로운 날이 서 있어 동물을 잡거나 땅을 파는 등 여러 가지 용도로 사용했는데, 손에 직접 들고 사용했기에 주먹도끼라고 부른다. 전곡리에서 발굴되기 전까지는 유럽과 아프리카 지역에서만 발견되었다.

아슐리안 주먹도끼

Acheulean Handaxes

全谷舊石器遺蹟館

아우라지 베개용암

아우라지는 두 갈래 이상의 물길이 한데 모이는 어귀를 일컫는다.
한탄강과 영평천이 만나는 아우라지. 이곳에 조용히 흐르는 강물 옆으로 솟
아 있는 절벽 하단에 둥글둥글한 암석 조직이 눈길을 끈다. 위로는 수직의 주
상절리를 받쳐 든 채 바닥에 깔린 듯 놓인 이 용암을 베개용암이라 부른다.

뜨거운 용암이 차가운 물과 만나 급격하게 식으면서 수십 cm의 동글동글한 베개 모양 또는 공 모양으로 굳어진 형태를 베개용암이라 부르는데, 이 구조의 단면은 동심원상의 구조와 방사상으로 퍼진 절리가 잘 발달되어 있어 마치 어금니의 표면을 보는 듯한 모습이 특징적이다.

보통은 바닷속에서 형성되기 때문에 육지에서 발견되는 경우는 드물기에 이곳 아우라지 베개용암의 가치가 더욱 크다고 할 수 있다.

베개용암(pillow lava)의 단면 구조

비둘기낭 폭포

폭포 주변의 지형이 비둘기 둥지처럼 움푹 들어간 주머니 모양을 하고 있다고 하여 이름 붙여진 이 폭포는 수많은 주상절리와 옥색으로 빛나는 연못의 색채가 조화를 이루면서 만들어낸 신비로운 경관을 자랑하는 명소이다.

비둘기낭 폭포는 재인폭포처럼 현무암 주상절리와 하식동굴로 이루어졌으나 그보다는 폭포의 규모가 훨씬 작다. 그러나 옥색의 연못이 주는 신비로움은 재인폭포보다 더 크게 느껴질 만큼 명소로서의 가치가 높다.

예전 6·25 전쟁 당시에는 수풀이 우거져 외부에 잘 드러나지 않아 마을 주민의 대피 시설로도 이용되었던 이 폭포는 현재 천연기념물 제537호로 지정되었을 뿐만 아니라 수많은 영화와 드라마의 촬영 장소로 사용용되어 왔기에 내국인뿐만 아니라 한류 문화를 동경하는 외국인들의 관광 코스로도 인기를 끌고 있다.

하식동굴
유속이 빠른 하천이나 폭포에 의해 차별 침식을 받아 움푹 파이면서 형성된 동굴.

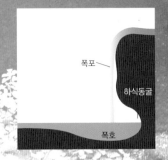

아트밸리와 포천석

편리한 모노레일도 좋지만 다소 가파른 언덕길을 직접 걸으며 조금씩 고도를 높여 가면, 이윽고 거대한 화강암 절벽과 푸른 호수가 시원하게 펼쳐진다. 폐채석장이 이렇게 휴식하기 좋은 아름다운 명소로 탈바꿈할 수 있다는 것이 대단히 인상적이지 않을 수 없다.

포천석으로 불리는, 우리나라 대표적인 화강암 채석장이었던 이곳은 더 이상 양질의 돌을 생산할 수 없게 되면서 흉물스럽게 버려진 공간이었으나, 포천시의 노력으로 이제 절벽으로 둘러싸인 인공 호수와 모노레일, 다양한 전시물을 갖춘 친환경 문화예술 공간으로 변모하였다.

상당히 넓은 면적을 갖춘 이곳은 다양한 돌과 화석을 전시해 놓은 돌문화 홍보전시관, 채석장에 만든 인공 호수 천주호, 입구에서 상부 공원 지역을 연결하는 모노레일, 아트밸리를 한눈에 내려다볼 수 있는 하늘 공원과 그 밖에 조각공원, 공연장, 카페 등 다양한 시설을 갖추고 있어 남녀노소 누구에게나 좋은 기억을 안고 돌아갈 수 있는 명소로서 그 가치가 높다.
또한 화강암을 채석했던 장소이기에 이 암석에 발달하는 절리와 풍화 과정을 이해하는 데에도 매우 유익한 장소이다.

Story of
Pocheon Art Valley
포천아트밸리의
발자취

폐석산에서 아트밸리로

Looking Around
The Art Valley
아트밸리
돌아보기

공중퍼포먼스 공연일정

멍우리 협곡

현무암 협곡이 만든 가장 웅장한 풍경.
수십 미터 높이의 협곡 위에 놓인 다리에서 바라본 풍경은 아찔하지만 주상
절리가 빼곡히 늘어선 수직의 절벽과 그 아래 고요히 흐르는 강물을 바라보
는 즐거움은 한탄강의 어느 명소에 뒤지지 않을 만큼 크다.

한국의 그랜드캐니언이라 불릴 만큼 빼어난 경관을 자랑하는 이 협곡은 깎
아지른 절벽 탓에 넘어지면 멍이 든다고 하여 멍우리 협곡이라 불리고 있다.

멍우리 협곡의 길이는 약 4km에 이르며 주상절리로 이루어진 절벽의 높이는 30~40m에 달한다. 절벽 하단부에는 강물이 암석의 약한 부분을 침식시켜 만든 작은 하식동굴이 30개 이상 형성되어 있기도 하다.

이 협곡의 특징은 양쪽 절벽의 높이가 다르다는 것인데, 지형 특성상 하천이 굽이쳐 흘러 한쪽은 하천의 침식을 많이 받아 현무암 주상절리가 거의 깎여 나간 반면 반대편은 침식이 약해 주상절리 절벽이 오롯이 남아 있기 때문이다.

또한 멍우리 협곡 주변으로 한탄강 둘레길 등 여러 트레킹 코스가 조성되어 있어 맑은 공기를 마시며 이 협곡의 멋진 경관을 동시에 감상할 수 있는 훌륭한 명소가 되고 있다.

하식동굴
유속이 빠른 하천이나 폭포에 의해 차별 침식을 받아 움푹 파이면서 형성된 동굴.

폭포

하식동굴

폭호

위치 : 포천시 영북면 운천리 783-17

화적연

구불구불 감아 도는 한탄강 어느 강변에 13m 높이로 우뚝 솟아 있는 이 화강암 바위는 마치 볏단을 쌓아 높은 것처럼 보인다 하여 화적연이라 이름이 붙여졌다.

흔한 화강암이지만 강물에 침식해 만들어진 독특한 생김새가 그 가치를 높였다고 할 수 있겠다.

과거 진경산수화의 대가인 겸재 정선이 금강산 유람길에 이곳에 들러 화적연을 화폭에 담았는데, 현재 간송미술관에 소장되어 있는 해악전신첩 속에 이 그림이 있다.

교동 가마소

하천을 따라 역류하다 식어 굳은 용암이 주상절리를 형성하고 그 표면에 흐르는 물의 침식 작용으로 움푹 파이면서 마치 가마솥을 엎어 놓은 것처럼 보인다 하여 붙여진 이름.

마치 수백 개의 크고 작은 가마솥이 펼쳐진 듯한 이 명소는 많은 사람들이 찾는 곳은 아니지만 독특한 침식 작용의 결과를 볼 수 있는 좋은 지질 명소로서 그 가치가 있다.

위치·포천시 관인면 중리 290

구라이골

협곡이 굴처럼 생겼다 하여 붙여진 이름으로, 현무암 주상절리가 비교적 낮게 발달하는 이 계곡은, 들어서면 마치 수풀에 둘러싸인 터널 속에 들어온 듯한 착각이 들 만큼 짙은 그늘에 가려져 있다.

위치·포천시 창수면 운산리 302

좌상바위

마을을 수호한다는 이 바위는 굽이쳐 흐르는 한탄강 한편에 약 60m의 높이로 우뚝 솟은 채 주변을 굽어보고 있다.

중생대 백악기 말의 화산활동으로 만들어진 이 거대한 현무암 바위 봉우리는 푸른 강물과 하얀 모래톱 그리고 둥근 자갈밭이 가득한 강가에서 물고기를 낚는 낚시꾼들의 풍경과 아름다운 조합을 이루며 한 폭의 그림처럼 눈을 즐겁게 한다.

위치 · 경기 연천군 전곡읍 신답리 307

강원평화지역 국가지질공원

Gangwon Peace Geopark

DMZ와 맞닿은 강원도 북부 지역, 철원군, 화천군, 양구군, 인제군 그리고 동해안에 접한 고성군은 험한 산세를 굽이굽이 돌아가는 도로를 따라 한적한 드라이브를 즐기기에도 더없이 훌륭하다. 더군다나 곳곳에 숨겨진 아름다움 자연 명소들은 여유로운 발걸음을 잠시 멈추고 시간을 보낼 만한 가치가 충분하다.

번잡한 관광지가 부담스럽고 조용한 명소를 찾고자 한다면 이곳으로 떠나보는 것도 좋을 것이다.

"강원평화지역 지질공원의 명소"

×

서쪽의 철원군부터 동쪽의 고성군까지 제법 넓은 지역에 걸쳐 많은 명소들이 분포하지만, 그중에서도 일반인들이 방문할 만한 아름다운 지질 명소들을 골라보았다.

화강암 계곡 속에 자리 잡은 철원의 비경	삼부연폭포
한탄강을 굽어보며 우뚝 솟은 화강암 바위	고석
민통선 안쪽, 바위를 뚫어낸 강이 쉬어 가는 연못	두타연
단단한 화강암 지대를 아홉 번 굽이도는	곡운구곡
내린천 강물이 오랜 세월에 걸쳐 조각한	내린천 포트홀
동해의 푸른 물을 가두어 놓은	화진포
거친 파도를 견뎌내며 곰보가 된	능파대
소양강 굽이진 물길 따라 옛 하천길을 알려주는	소양강 하안단구
낮지만 넓은 폭을 가진 한국의 나이아가라	직탕폭포

한탄강 국가지질공원
강원평화지역 국가지질공원
강원고생대 국가지질공원
전북 서해안권 국가지질공원
청송 국가지질공원
부산 국가지질공원
제주도 국가(세계)지질공원

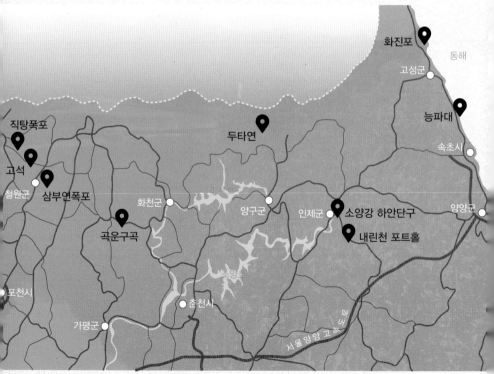

화진포
동해
고성군
능파대
속초시
직탕폭포
두타연
고석
양양군
철원군
삼부연폭포
화천군
양구군
인제군
소양강 하안단구
곡운구곡
내린천 포트홀
포천시
춘천시
가평군
서울양양 고속도로

삼부연폭포

철원군 시내에서 용화천과 나란히 놓인 도로를 타고 동쪽으로 조금만 들어가면 예상치 못한 아름다운 폭포 하나를 만나 볼 수 있다.

세 번을 꺾이며 내려온 시원한 폭포수는 제법 커다란 연못을 만들었고, 이를 둘러싸듯 가파른 화강암 절벽이 병풍처럼 놓여 있는 이 폭포는 도로에 곧바로 인접해 있어 접근성이 용이하므로 강원도 산지를 달리는 동안 잠시 시간을 내 그 시원한 풍경을 담아 두면 좋을 것이다.

명성산 중턱의 화강암 지대를 침식시키며 높이 약
20m를 떨어져 내리는 삼부연폭포는 물줄기가 세 번
꺾어지고 폭포의 하부가 마치 가마솥처럼 움푹 패어
있다고 해서 가마솥 부(釜)를 써서 삼부연이라는 이름
이 붙여졌다.

삼부연 폭포에는 2개 이상의 폭호가 형성되어 있는데,
낙차와 폭호의 규모는 상단에서 중단, 하단으로 갈수
록 점차 커진다. 이 폭포를 둘러싼 암석을 화강암으로
약 1억 년 전에 형성된 것이라고 한다.

폭호 plunge pool
폭포수가 떨어지면서 하천 바
닥을 침식시켜 형성된 움푹 파
인 형태의 연못.

폭포

하식동굴

폭호

고석

한탄강 협곡, 용암지대를 뚫고 15m의 높이로 솟아 있는 바위 봉우리 고석. 그 아래는 푸른 강물이 흐르고 주변은 용암지대가 만든 수직의 절벽과 화강암 지대가 만든 바위들이 공존하는 곳. 그 풍경을 즐기며 유유히 떠다니는 유람선. 어느 산수화에 그려질 만한 수려한 풍경이 압도적이다.

고석이 만들어진 이 일대의 지층은 원래 1억 1천만 년 전 형성된 화강암이었지만, 수십만 년 전 용암이 화강암 지대를 덮어버린 후 한탄강의 침식 작용에 의해 상부의 현무암이 깎이면서 하부의 화강암이 노출되어 지금과 같은 모습을 이루게 되었다.

고석 주변의 지형을 살펴보면, 한탄강을 중심으로 우측과 좌측의 지형이 비대칭을 이루고 있다는 사실을 알 수 있는데, 절벽 위 고석정이 위치한 곳은 현무암 주상절리가 발달하여 수직의 절벽을 이루고 있는 것과 반해, 반대편은 화강암 지대가 노출되어 있어 상대적으로 완만한 경사의 산사면을 형성하고 있다.

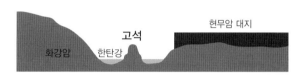

위치·철원군 동송읍 태봉로 1825 「고석정 국민관광지」

두타연

민통선 구역, 아마도 이렇게 아름다운 연못이 없었다면 이 깊은 곳까지 들어올 일은 좀처럼 없을지도 모르겠다.

저 깊은 산속 어디서부턴가 흘러온 물줄기의 거친 물살은 단단한 바위를 뚫고 그 아래 고요한 연못을 만들어냈다. 적적한 이 산간 지역에 이런 비경이 숨겨져 있음은 다소 불편한 방문 절차를 거쳐서라도 한 번쯤 가 볼 만한 명소임이 틀림없다.

부근에 두타사라는 사찰이 있었다는 것에서 유래되었다는 두타연은 민통선 안쪽에 위치해 있기에 신분증을 맡기고 출입신고서를 작성한 후에 출입할 수 있다. 수도권에서도 꽤나 먼 지역이고 출입 절차도 필요하지만 고즈넉한 풍경이 주는 감성은 상당하다. 더군다나 주변을 걸어보며 구경할 수 있는 탐방로도 잘 설치되어 있어 연못의 곳곳을 세세히 감상하기에 매우 편리하다.

두타연의 형성

하천이 말발굽 모양으로 크게 굽이져 흐르는 경우, 양 끝부분의 침식이 지속되고 결국 맞닿으면서 직선으로 연결되는 한편 양쪽의 높이 차이에 의해 폭포를 이루게 되는데, 낮은 쪽은 폭포로 인한 침식이 시작되면서 움푹 들어간 웅덩이가 형성되어 지금처럼 연못을 만들게 된다.

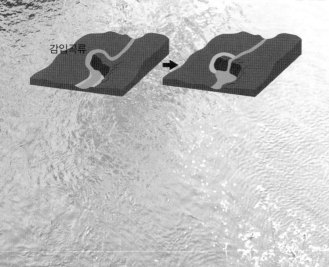

감입곡류

곡운구곡

중생대 쥐라기의 화강암이 넓게 분포하는 지대를 흐르는 강물은 곳곳을 침식
시키고 그에 따라 강줄기는 굽이굽이 변화를 거듭해 왔다.

오랜 세월을 거치며 더욱 굽어진 강물은 곳곳에 아름다운 계곡을 형성하였
고, 그중에서도 특히 빼어난 9개의 계곡들은 각자의 이름을 가진 채 이곳
을 찾는 방문객에게 어떤 곳을 으뜸에 놓아야 할지를 고민하게 만들고 있다.

조선 시대의 성리학자 김수증(1624~1701)은
이 아홉 번 굽어치는 물길을 보며 자신의 호인 곡운을
따 곡운구곡이라 칭하였고, 각각의 곡류에 방화계, 청
옥협, 신녀협, 백운담, 명옥뢰, 와룡담, 명월계, 융의연,
첩석대라 이름을 붙였다.

9곡 중에서도 가장 경관이 뛰어난 곳은 제3곡인 신녀
협과 제4곡인 백운담으로, 특히 신녀협에는 이 계곡
을 건널 수 있는 다리와 정자가 설치되어 있어 곡운구
곡을 감상할 수 있는 가장 최적의 장소가 되고 있다.

제9곡 첩석대
제8곡 융의연
제7곡 명월계
제5곡 명옥뢰
제6곡 와룡담
제4곡 백운담
제3곡 신녀협
제2곡 청옥협
제1곡 방화계

사내면

내린천 포트홀

소양강의 지류인 내린천.

굽이진 계곡과 빠른 유속은 하천 주변의 암석을 침식시켜 항아리 모양의 구멍을 만들었다. 돌개구멍이라고도 불리는 이 포트홀은 조직이 균질한 화강암의 같은 암석에 형성되어 있는 절리를 따라 잘 발달한다.

크고 작은 원형 또는 타원형의 포트홀은 하천이 흐르는 방향으로 성장하거나 두 개 이상의 포트홀이 합쳐지기도 하면서 다양한 형태와 깊이로 발달하며 아름다운 하천의 경관을 더욱 신비롭게 만들어 준다.

포트홀(돌개구멍)은 단단한 암석으로 이루어진 강바닥에 형성된 항아리 모양의 구멍을 가리키는데, 하천에 의해 운반되어 온 자갈이 강바닥의 움푹한 부분에 들어가면서 물과 함께 회전하여 바위를 갈아내는 작용을 지속하게 된다. 결국 지속적인 침식 작용이 일어나면서 점차 깊고 큰 항아리 형태를 만들게 되는데 이러한 포트홀은 유속의 흐름이 강한 계곡에서 주로 발달하게 된다.

포트홀의 형태는 길쭉한 것들이 많은데 이는 하천이 흐르는 방향으로 침식이 가속화되기 때문으로, 하천이 흐르는 방향과 타원형 포트홀의 방향을 비교해 보는 것도 흥미로운 관찰이 될 것이다.

위치 · 강원도 인제군 인제읍 내린천로 6086

화진포

예로부터 동해안의 주요 명소로 자리 잡은 화진포는 이승만 별장과 김일성 별장이 남아 있을 만큼 빼어난 경관으로 유명한 곳이다.

호수 주변에 해당화가 많았다고 하여 이름 붙여진 화진포는 남한에서 가장 넓은 면적을 가진 석호로, 마치 잔잔한 바다를 가두어 놓은 듯한 고요함과 평화로움이 인상적인 곳이다.

147

파도가 운반해 온 모래는 해안가에 꾸준히 쌓이면서
사주 또는 사취를 형성하게 된다. 그리고 결국 원래의
바다와 완전히 분리된 석호를 만들기도 한다.
화진포도 이렇게 바다와 분리되어 형성된 석호로 8자
형태를 가지고 있는데 각각 남호와 북호로 구분되며
바다와 통하는 물길은 북호에 위치하고 있다.

이렇게 민물과 바닷물이 혼재하는 석호는 민물 생물과
해양 생물이 공존할 수 있는 독특한 생태계를 가지고
있기에 그 보존 가치가 매우 크다.

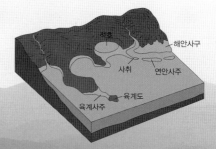

능파대

거친 파도는 바위를 때리며 부서지고, 그 바위는 억겁의 세월 동안 그런 파도의 힘을 견뎌내며 바닷가에 늘어서 있다. 그러나 쉼 없는 파도의 힘은 단단한 바위에도 수없이 많은 상처를 남기고 있다.

파도를 능가하는 돌섬이라는 뜻의 능파대는 예전에는
육지와 가까이 붙어 있던 섬이었지만 모래가 퇴적되면
서 육지와 붙어 버린 육계도이기도 하다.

능파대를 가까이서 관찰하면 수많은 구멍들이 발달하
고 있는 것을 관찰할 수 있는데, 이는 바닷물의 염분
이 화강암의 절리에 스며들어 염분에 의한 풍화가 지
속되면서 암석의 입자가 부서지며 만들어진 것이다.

153

소양강 하안단구

홍수처럼 급격히 불어난 강물은 상류로부터 많은 토사와 자갈을 운반하며 유속이 느려지는 강가에 이 같은 퇴적물은 잔뜩 쌓아 놓는다. 하천의 흐름은 강바닥을 지속적으로 침식시키며 더 깊어지게 만들었고, 퇴적물이 쌓인 강 주변은 상대적으로 높아지면서 계단 모양의 둔덕처럼 변모했다. 이런 식으로 과거에 물이 넘쳐 퇴적물이 쌓였던 강변은 더 이상 물이 닿지 않으면서 하안단구가 만들어진다.

위치·강원도 인제군 인제읍 설악로 2254 「합강정휴게소」

직탕폭포

보통의 폭포라면 절벽 위에서 떨어지는 높고 가는 물줄기를 연상하기 쉽다. 반면 직탕폭포는 편평한 현무암 지대를 흐르는 한탄강이 주상절리를 침식함으로써 넓고 낮은 폭포를 만든 것이 특징이다. 규모의 차이가 너무 크긴 하지만 마치 나이아가라 폭포를 연상케 하는 모습이며 한국의 나이아가라 폭포라고 일컫기도 한다. 그만큼 3m 정도에 불과한 높이에 비해 80m에 이르는 폭은 국내의 여느 폭포와 달리 신선한 풍경을 보여 주고 있다.

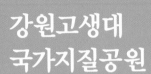

강원고생대
국가지질공원

Gangwon Paleozoic Geopark

영월, 정선, 태백, 평창 일대를 아우르는 강원
도 남부 지역은 과거 석탄 개발과 함께 국내
지질학 연구와 발전을 이끌어 온 곳으로, 험
한 산세와 그 사이에 발달한 아름다운 강은
수많은 명소를 품고 있다. 특히 넓은 석회암
지대의 분포로 인해 나타난 신비로운 동굴과
독특한 침식 지형은 많은 방문객의 호기심과
경탄을 자아내고 있다.

"강원고생대 지질공원의 명소"

×

험한 산악 지역은 그 계곡 사이를 흐르는 강물의 침식으로 인해 더욱 인상적인 침식 지형을 완성하곤 한다. 우리나라에서 이곳처럼 화려하고 다채로우며 아름다운 지형을 갖춘 곳도 드물 것이다. 훌륭한 경치와 그 지질학적 가치가 완벽히 조합된 명소들로 떠나보자.

굽이져 흐르는 강줄기가 만든 우연한 작품	한반도지형
하천이 깎아 놓은 신비한 화강암 침식 지대	요선암 돌개구멍
도끼로 찍어낸 듯 쪼개진 채 푸른 강 굽어보는 바위	선돌
슬픈 역사의 증인이자 굽은 강물이 만든 고립지	청령포
석회암 지대가 빚어낸 기적적인 비경	고씨굴
험한 산세와 강물이 빚어낸 완벽한 풍경	동강
즐비한 기암절벽으로 작은 금강산이라 불리는	소금강
석회암 지대에서 솟아난 물이 한강의 발원이 되는	검룡소
국내에서 가장 높은 지대에 형성된 석회암 동굴	용연동굴
고생대 석회암 지층의 아름다운 침식	구문소

한탄강 국가지질공원

강원평화지역 국가지질공원

강원고성대 국가지질공원

전북 서해안권 국가지질공원

청송 국가지질공원

부산 국가지질공원

제주도 국가(세계)지질공원

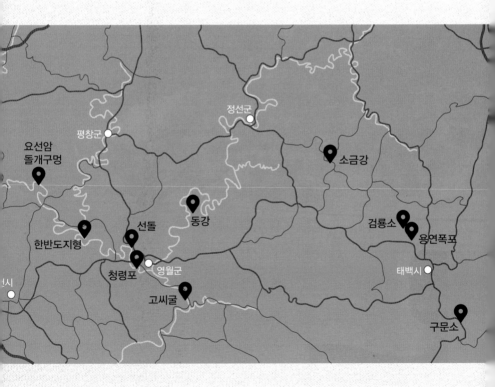

정선군

평창군

요선암
돌개구멍

소금강

선돌

동강

검룡소

용연폭포

한반도지형

청령포

영월군

태백시

고씨굴

구문소

한반도 지형

영월군 시내에서 북서쪽으로 얼마 떨어지지 않은 곳에 자리 잡은 고즈넉한 동네 선암마을. 한적한 이 마을 앞에 크게 굽이져 흐르는 평창강이 만들어놓은 독특한 지형이 형성되어 있다.

이렇듯 험한 산지를 굽이져 흐르는 강물은 오랜 세월 동안 주변의 지형을 침식시키며 때론 뜻하지 않은 그림을 남겨 놓기도 한다. 우리나라 사람이라면 누구나 한눈에 알아볼 수 있는 이 그림의 익숙함에 그저 반가운 마음이 한가득 밀려온다.

동강의 서쪽에 위치한 평창강이 주천강과 합류하기 직전, 산지의 골짜기를 구불구불 휘감아 도는 감입곡류의 차별침식과 퇴적으로 인해 한반도 모양과 닮은 지형을 만들고 있다.

동쪽은 높고 서쪽은 낮은 한반도 지형 특성과도 흡사한 이곳은 유유히 흐르는 푸른 강물이 크게 휘어져 돌아가면서 바깥쪽의 빠른 물살은 주변의 암석을 침식시켜 절벽을 만들고, 안쪽의 느린 물살은 모래를 퇴적시키며 이 같은 형상을 빚어냈다.

그리 멀지 않은 전망대로 가는 길을 걸으며 짙은 숲의 향기에 취하다 보면 어느새 맞닥뜨리게 되는 이 아름다운 풍경은 가만히 벤치에 앉아 그 풍경에 취해볼 만큼 신선하다.

감입곡류하천

주로 하천의 상류에 나타나는 형태로 산간 지역의 골짜기를 깊게 파면서 지형을 따라 구불구불 휘어져 흐르는 것이 특징이다.

반면 하천의 하류에 발달하는 평야 지역에서 좌우로 자유롭게 굽이져 흐르는 하천의 경우 자유곡류하천이라고 한다.

요선암 돌개구멍

제법 잘 갖춰진 주차장을 나선 후 한가로이 길을 걸으면 곧 사찰이 나온다. 꽤 운치있는 이 작은 사찰의 고즈넉한 풍경을 감상한 후, 그 뒤편에 흐르는 시원한 강가로 내려가면 널따란 화강암 지대를 깎으며 흐르는 주천강을 볼 수 있다.

그리고 이 강이 오랜 세월에 걸쳐 강바닥을 침식시켜 만든 울퉁불퉁한 돌개구멍 지대를 바라보며 한적한 시골의 풍경을 즐기면 더할 나위 없는 여유로움을 한가득 느끼게 될 터이다.

국내 여러 곳에서 비교적 쉽게 만나 볼 수 있는 것이
돌개구멍이라지만, 이곳의 풍경은 좀 더 운치가 있다.
주변을 둘러싼 푸른 산과 숲, 맑은 강물, 고즈넉함을
더해 주는 암자. 부드럽게 패어 깎인 화강암 바위 위
에 걸터앉아 눈부신 강물을 바라보는 즐거움은 아마
특별할 것이다.

포트홀 pot hole (돌개구멍)
하천 바닥에 분포하는 암석의
오목한 곳에 물이 회오리치는
와류 현상이 발생하여 점점 깊
게 파이면서 만들어진 구멍.

하천

강바닥

168

선돌

서쪽에서 흘러온 서강이 동강과 만나기 얼마 전, 크게 굽이져 흐르면서 산 사면을 끊임없이 깎아 높은 절벽을 만든다.

그 절벽의 한 부분을 차지했던 커다란 바위는 마치 큰 도끼로 찍어 쪼개진 듯 두 동강이 난 채 저 아래의 강물을 지켜보고 있다. 그리고 그 커다란 틈 사이로 바라본 강물은 더욱 아름답기만 하다.

석회암으로 이루어진 이 선돌은 수직의 절리를 따라 물이 들어오면서 수많은 세월 동안 끊임없이 침식되고 붕괴되면서 지금처럼 기둥 모양으로 떨어져 나간 듯이 서 있게 되었다.

이 풍경의 주인은 선돌이지만 사실상 그 주연은 선돌 사이로 비치는 저 아래의 풍경일 듯하다. 한가로이 흐르는 서강 그리고 아름다운 마을의 정적인 모습이 절벽 끝의 전망대에서 내려다보는 즐거움을 더욱 크게 만들어 주고 있다.

절리 joint

용암처럼 뜨거운 암석이 식으면서 수축이 일어나 갈라진 틈 또는 지각 변동과 관련해 외부의 큰 힘을 받으면서 지층이 갈라지거나 벌어지게 되면서 형성된 틈을 말한다.

173

청령포

험한 산지 사이를 흐르며 크게 굽어 도는 강물은 그 안쪽에 종종 고립된 섬과 같은 지형을 만들곤 한다. 마치 쉽게 건너갈 수 없다는 듯이 저 건너편에 모래밭을 만들며 동떨어져 있는 이곳은 단종의 유배지로도 유명한 명소이다.

뒤쪽은 험한 산이 가로막고 있고, 앞은 넓은 강물에 막혀 외로움이 더했을 이 청령포는 단종이 육지고도(陸地孤島)라고 표현할 만큼 조선 시대에는 외진 곳이자 고립된 땅이었다.

1457년 세조에 의해 이곳에 유배된 17세의 어린 단종은 결국 몇달을 못 버티고 쓸쓸히 생을 마감한다. 청령포 맞은편의 전망대에서 강 건너 고립무원의 유배지를 바라보며 당시 단종의 마음을 짐작해 보는 것도 좋을 것이다. 또는 배를 타고 강을 건너 직접 그곳에 발을 들여 본 후 그 슬픈 역사를 어루만져 보는 것 역시 좋은 체험이 될 듯하다.

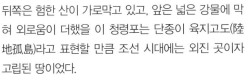

고미굴

무릎을 굽히고 허리를 숙여도 머리에 쓴 안전모가 여기저기 돌에 부딪히곤 하지만 외부와는 완전히 차단된 이질적인 세계로 들어온 듯 이곳의 분위기는 신비롭기만 하다.

도대체 가늠할 수 없는 미로 같은 좁은 통로를 지나다 보면 형언할 수 없는 신기한 형태의 종유석이나 석순 그리고 석주 등이 눈을 사로잡곤 한다.

1969년 6월, 일찍이 천연기념물 제219호로 지정된 이 고씨굴은 임진왜란 당시 고 씨 가족이 난리를 피해 숨었던 곳이라 하여 붙여진 이름으로, 입구 주변에는 아직도 당시에 불을 피운 흔적이 남아 있다고 한다.

절벽 중간에 위치한 동굴 입구로 인해 예전에는 배를 타고 강을 건너가야 했지만 지금은 강 건너편에서부터 다리가 연결되어 편히 오갈 수 있게 된 이 동굴은 약 4억 년 전에 형성되기 시작했다고 한다. 동굴 안의 기온은 항상 16도를 유지하기에 여름에는 서늘하고 겨울에는 따뜻함을 느낄 수 있다.

전체 길이는 수 km에 이르지만 일반인에게는 600m의 아주 일부만 공개되어 있을 뿐이다. 그러나 오히려 코스가 길지 않기에 허리를 굽혀가며 좁은 동굴 속을 탐험하기에는 부담이 덜할 것이다. 어쩌면 어른들보다 아이들에게 더욱 즐거운, 신기한 놀이터 같은 명소가 되어 줄 수 있으리라.

종유석

동굴 천장에 고드름같이 달려 있는 것. 천장에서 떨어지는 물방울 속에 녹아 있던 석회 성분이 침전되어 형성된다.

석순

종유석에서 떨어진 물방울 속의 석회성분이 침전되면서 위로 자란다.

석주

천장에서 아래로 자라는 종유석과 바닥에서 위로 자라는 석순이 만나며 기둥처럼 연결된 형태를 말한다.

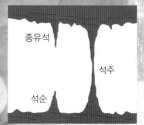

동강

강원도 깊은 산악 지역을 굽이굽이 흐르며 1990년대까지만 해도 크게 알려지지 않았던 동강은 이제 많은 사람들이 찾는 유명한 명소가 되어 예전과 같은 오지의 느낌은 사라졌지만, 여전히 조용하고 고즈넉한 비경을 간직해 이곳에 머무르길 원하는 사람들에게 큰 사랑을 받고 있다.

여전히 접근이 쉽지 않은 곳이 많을 만큼 동강을 둘러싼 산세는 험하지만 그런 지형적 특성은 이곳의 아름다움을 지킬 수 있는 환경이기도 하다.

영월군 동쪽, 38번 국도를 따라가면 나오는 신동읍의 예미교차로에서 빠져나와 북서쪽으로 이어진 도로를 타고 굽이굽이 산을 넘어가면 동강에 다다를 수 있는데, 여기서 다시 정선군까지 이어지는 강변 도로를 따라 달리면 산으로 둘러싸인 아름다운 동강의 풍경을 실컷 즐길 수 있는 훌륭한 드라이브가 될 것이다.

소금강

험한 산세를 굽이도는 물길은 주변의 암석을 깎아내어 기암절벽이 가득한 골짜기를 만들어 낸다.

강원도 정선군 동면 화암1리에서 몰운1리까지 이어진 4km의 구간에는 어천이라 불리는 하천이 굽이져 흐르고 이 강을 중심으로 양쪽에 기암절벽이 늘어서 있는데, 그 기묘하고 장엄한 모습이 금강산에 버금간다 하여 소금강이라 불리게 되었다.

위치 : 정선군 화암면 몰운리 529-2

이곳의 암석은 사암이나 규암으로 이루어져 있어 화학적 풍화에 강하고, 더군다나 수직 방향의 절리가 잘 발달해 있어 절벽을 형성하기에 적합한 지형 특성을 가지고 있다.

이런 지질학적 요인들로 인해 형성된 높다란 절벽은 계곡을 따라 한참을 이어지며 이곳을 지나가는 여행객들에게 큰 즐거움을 주고 있다.

검룡소

우리나라를 대표하는 큰 강인 한강과 낙동강. 그리고 이 강이 시작되는 발원지가 모두 강원도 태백시에 위치하고 있다. 낙동강이 시작되는 황지 연못 그리고 한강의 물길이 처음 시작되는 검룡소.

주차장에서 시작되는 산길은 조용한 숲속을 가로지르며 완만한 경사로 이어져 있기에 가벼운 발걸음으로 다녀오기 적당하다. 그렇게 상쾌한 오솔길을 1.5km 정도 걷다 보면 이윽고 한강이 시작되는 검룡소가 비밀스럽게 자리 잡은 채 투명한 물을 흘려 보내고 있는 풍경을 만나 볼 수 있다.

195

1987년 국립지리원이 공식 인정한 한강의 발원지 검룡
소는 늘 9도의 수온을 유지하는 지하수가 하루에 약 2
천 톤씩 솟아 나온다. 이렇게 시작된 강의 원천수는 태
백을 빠져나가 정선, 영월, 양평을 거쳐 서울에 이르고
마침내 김포를 거쳐 서해로 빠져나가면서 514km의 기
나긴 여정을 마감한다.

검룡소 주변의 암반은 석회암으로, 지하로 스며든 지
하수가 석회암 암반 속에 저장된 후 빈 공간과 틈을
따라 이동하다가 밖으로 용출되면서 이 같은 검룡소
가 만들어지게 되었다. 이렇게 지표면으로 솟아난 물
은 석회암층을 흐르면서 그 표면을 침식하여 돌개구멍
을 만들었는데, 연달아 이어진 이 돌개구멍들을 지나
며 구불구불 흐르는 모양이 마치 용이 기어가는 듯하
다고 하여 검룡소라 부르게 되었다.

용연동굴

주차장에서 시작되는 용연열차를 타고 구불구불 산 위로 올라가면 이윽고 비밀스러운 동굴의 입구가 기다리고 있다.

한참을 올라온 탓인지 주변은 온통 산으로 둘러싸여 있기에 이런 곳에 동굴이 위치한다는 것이 신기할 따름인 데 정작 그 동굴 속으로 들어가 마주하는 커다란 공간의 규모에 다시 한 번 놀라게 된다.

화려한 불빛은 동굴 내부 곳곳을 비추고, 구석구석 이어진 동굴 탐방로 옆에서는 까마득한 시간 동안 빚어진 독특한 모양의 석회석 구조들이 눈길을 잡는다.

용연동굴은 우리나라에서 가장 높은 지대에 위치한 석회 동굴로 해발 약 920m 지점에 자리 잡고 있다. 동굴의 총 연장은 대략 800m 정도로 큰 규모는 아니지만, 130m의 길이와 50m의 높이를 가진 커다란 광장(빈 공간)이 형성되어 있어 탁 트인 개방감이 특징인 동굴이기도 하다. 그리고 동굴 내부를 비추는 화려한 색상의 조명들은 그 신비로움을 더해주고 곳곳에 늘어선 종유석, 석순, 석주 등은 다양한 모습으로 감탄을 주고 있다.

이 동굴의 최초 발견자는 정확히 알려지지 않았는데, 아주 옛날부터 화전을 일구던 주민들이 발견했을 것으로 추정할 뿐이다. 동굴 내부 깊은 곳의 암벽에는 임진왜란 때 피난을 왔던 사람들이 적어 놓은 붓글씨가 있는 점으로 보아 그 이전부터 이 동굴의 존재를 알았던 것으로 보이며 구전에 의하면 의병의 은신처로 이용됐다고도 한다. 동굴 중앙에 자리 잡은 커다란 광장으로 인해 피난처로서의 활용에 유용했을 것이다.

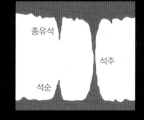

드라큐라성
석순과 유석
Stalagmite & Flowstone

구문소

낙동강 상류의 하천인 황지천이 오랜 세월 동안 석회암 바위를 침식시켜 마침 내 구멍을 뚫어 물길을 돌렸다. 그리고 그 구멍 아래에는 물길이 잠시 머물며 쉬다가는 연못이 형성되었기에 구문(구멍)-소(연못)라 불렸다.

이 구문소 일대는 수억 년 전의 석회암층이 덮여 있는 곳으로, 다양한 화석과 지질구조가 발달하고 있는 지질학의 보고이기도 하다.

6

청송
국가지질공원

Cheongsong Geopark

청송군 일대 곳곳에 자리 잡은 지질명소는
퇴적암, 화성암, 변성암과 같은 다양한 암석
들이 만든 인상적인 풍경들이 가득하다.
특히 우뚝 솟은 바위 봉우리와 수려한 계곡
으로 유명한 주왕산 국립공원은 청송 국가지
질공원의 중심이 되는 곳으로, 빼어난 풍경
을 자랑하는 지질명소들이 몰려 있어 더욱
가 보고 싶은 공원이기도 하다.

"청송 지질공원의 명소"

✕

계곡을 흐르는 맑은 물이 조각해 만든 아름다운 폭포와 협곡, 거대한 바위 봉우리, 사진으로 담아야만 할 것 같은 고즈넉한 호수의 풍경 그리고 지구의 역사를 간직한 흔적 등 청송 지역에는 정말 다양한 지질명소들이 가득하다.

용이 승천한 용추폭포가 숨겨져 있는 신비로운 협곡	용추협곡
주왕산에서 가장 크고 웅장한 모습을 가진	용연폭포
주왕산이 선보이는 가장 아름다운 주상절리	급수대 주상절리
회색의 우뚝 솟은 절벽이 맞아 주는 주왕산의 첫 모습	기암단애
응회암에 발달하는 다양한 절리가 만들어낸	연화굴
130년을 이어 오는 청량한 탄산 약수	달기약수탕
조선 시대에 만든 마르지 않는 저수지	주산지
계절이 거꾸로 가는 곳	청송 얼음골
태풍이 찾아낸 1억 년 전 백악기 시대의 흔적	신성 공룡발자국
하얀 돌이 반짝거리는 개울	백석탄 포트홀
비스듬히 누워 있는 퇴적층과 유서 깊은 정자의 만남	방호정 퇴적층
병풍처럼 늘어선 화강암 절벽	병암 화강암 단애
병풍처럼 펼쳐진 붉은 절벽	만안자암 단애

한탄강 국가지질공원
강원평화지역 국가지질공원
강원고생대 국가지질공원
전북 서해안권 국가지질공원
청송 국가지질공원
부산 국가지질공원
제주도 국가(세계)지질공원

당진영덕 고속도로

달기약수탕

청송군

연화굴
용추협곡
기암단애
용연폭포
급수대 주상절리

주왕산 국립공원

영덕군

강구항

백석탄 포트홀

만안자암 단애

신성
발자국

방호정 퇴적층

병암 화강암단애

주산지

청송 얼음골

동
해

용추협곡

주왕산에서 가장 뛰어난 절경을 간직한 용추협곡은 양쪽으로 깎아지른 듯한 수직의 암벽이 마주하며 그 사이에 형성된 좁은 계곡으로, 대전사에서 시작되는 주왕계곡 내에 자리 잡고 있다. 그리고 이 협곡 내에 3단 폭포로 형성되어 있는 용추폭포는 용이 폭포에 살다가 하늘로 승천한 웅덩이란 뜻으로, 그 중 2단 폭포 아래에 만들어진 구룡소란 포트홀(돌개구멍)은 아홉 마리의 용이 승천했다고 전해진다.

주왕산을 대표하는 주왕계곡에서도 가장 수려한 절경을 가진 구간인 용추협곡은 응회암에 발달하는 주상절리와 수직절리가 침식되면서 V자 모양의 매우 가파르고 좁은 골짜기를 형성하게 되었다. 이 구간에 놓인 좁은 등산로와 다리를 건너다 보면 협곡의 폭은 3~5m 내외로 급격히 좁아지는 반면 양쪽 절벽의 높이는 거의 100m에 이르면서 그 짙은 그늘 속으로 들어가게 된다. 이렇게 암벽으로 둘러싸인 좁은 공간과 그 사이를 굽이쳐 떨어지는 폭포를 마주하는 것은 매우 신선하고 경이로운 체험이기도 하다.

3단으로 형성된 용추폭포의 제1단 폭포와 제2단 폭포는 그 폭이 약 2m, 낙차는 약 1~2m 정도로 소규모이지만 주 폭포인 제3단 폭포는 5m의 낙차가 있으며 그 아래로 넓은 연못을 형성시키고 있다. 웅장한 규모의 폭포는 아니지만 바위를 침식시키며 물길을 만들고 웅덩이를 파며 흐르는 이 폭포의 역동적인 모습은 상당히 인상적이다.

협곡 Canyon

계곡 또는 골짜기는 하천이나 빙하의 침식에 의해 지표에 좁고 길게 홈이 파인 지형을 일컫는 일반적이고 광범위한 용어라면, 협곡은 특히 양쪽 경사면이 매우 급한 경사를 이루고 깊이에 비해 폭이 좁은 V자형 계곡을 저칭한다. 이 협곡의 대표적인 예가 미국의 그랜드 캐니언이다.

용연폭포

용추협곡의 감동을 뒤로하고 잘 닦인 등산로를 따라 산 위로 발걸음을 재촉한다. 그렇게 계곡을 따라 상류로 거슬러 올라가다 보면 어느덧 커다란 연못이 눈에 들어오기 시작하고 이윽고 주왕산에서 가장 크고 웅장한 용연폭포를 만나 볼 수 있다.

2단으로 형성된 이 폭포의 1단 폭포는 그 폭이 약 4m, 낙차는 6m 정도이며 그 아래 폭과 길이가 각각 10m 정도인 포트홀이 있다. 2단 폭포의 폭은 약 5m, 낙차는 약 10m로 규모가 더 크며 역시 50m에 달하는 커다란 연못이 맑은 물을 가득 담겨져 있다.

특히 제1단 폭포의 양쪽 절벽에는 3개의 하식동굴이 형성되어 있어, 폭포의 형성과 발달로 인해 침식면이 지속적으로 후퇴하는 과정을 유추할 수 있게 하는 좋은 자료가 되고 있는데, 폭포에서 가장 먼 하식동굴이 가장 먼저 만들어진 동굴이고 이후 점차 폭포가 뒤로 후퇴하면서 두번 째, 세번 째 하식동굴을 형성하게 되었다.

급수대 주상절리

용추협곡으로 향하는 길, 계곡 건너편으로 한껏 고개를 치켜들면 커다란 회색의 바위 봉우리가 내려다보고 있다.

주왕산을 이루고 있는 대부분의 암석이 그러하듯 이 거대한 단애 역시 화산재가 쌓여 형성된 응회암이 침식과 풍화 작용을 받아 오늘날과 같은 모양을 형성하게 되었다. 그리고 현무암에 형성된 주상절리만큼 뚜렷하고 이상적인 모양을 가지고 있진 않지만 이 급수대도 응회암질에 발달하는 주상절리가 잘 나타나고 있다.

급수대는 말 그대로 물을 공급하는 곳이라는 뜻인데, 여기에도 한 편의 이야기가 있다. 신라 37대 왕인 선덕왕은 후손이 없어 무열왕의 6대손인 김주원을 차기 왕으로 추대하였는데, 마침 궁에서 200리나 떨어진 곳에 있던 김주원이 궁으로 들어오려던 중 홍수로 인해 강이 범람하여 건너갈 수가 없게 되자 이를 하늘의 뜻으로 여긴 대신들이 상대등 김경신을 왕으로 추대함으로써 갈 곳이 없어진 김주원은 왕위를 양보하고 주왕산으로 피신하여 산 위에 대궐을 건립한 후 이 단애에서 계곡의 물을 퍼 올려 식수로 사용하였다고 하여 붙여진 명칭이다.

단애 cliff

수직 또는 급경사의 암석 사면을 단애라 하며, 파도의 침식에 의해 형성되는 단애를 해식애(sea cliff), 하천의 침식에 의한 단애를 하식애(river cliff)라 부른다.

기암단애

기암단애는 주왕산 주 탐방로의 초입에 위치한 커다란 바위 봉우리로, 주왕산을 찾는 많은 방문객들이 가장 처음으로 마주하는 대표적인 명소이다.
기암이란 명칭은 중국 당나라 시대에 주도(周鍍)라는 사람이 진나라의 재건을 위해 스스로 주왕(周王)이라 칭하며 반역을 일으키지만 실패한 후 이 곳 주왕산으로 숨어들어 와 이 단애에 깃발을 꽂았다고 하여 붙여진 이름이다.
기암의 기는 깃발(旗)을 의미한다.

기암은 화산재가 퇴적되면서 형성되는 회색의 응회암
으로 이루어졌는데, 수직으로 발달하는 절리를 따라
침식이 진행되면서 마치 손가락 모양의 7개 봉우리가
연달아 이어진 독특한 모습을 하게 되었다.
이 기암에도 주상절리가 발달하고 있는데 현무암에
형성되는 주상절리에 비해 상대적으로 미약한 편이긴
하지만 이 암벽의 침식 형태를 결정하는 중요한 요인
이 되고 있다.

연화굴

대전사를 지나 용추협곡으로 가는 중간에 좌측으로 갈라지는 돌계단 길을 가쁜 숨을 몰아쉬며 150m 가량 오르면 망치로 정을 내리쳐 깎아낸 듯한 거친 암벽의 작은 동굴이 나온다.

주왕의 딸 백련 공주가 성불한 곳으로 전해지는 이 연화굴을 구성하는 응회암은 촘촘히 발달하고 있는 주상절리 및 판상절리의 침식으로 인해 암석 파편이 떨어져 나가면서 이 같은 모양을 형성하게 되었다.

달기약수탕

청송군에서 동쪽으로 2km 가량 떨어진 부곡리, 지금으로부터 약 130년 전 수로 공사를 하던 중 우연히 발견된 약수탕이 자리 잡고 있다. 톡톡 튀는 맛을 내는 탄산 약수로 유명한 이곳은 마을을 가로지르는 하천의 화강암 바위 틈 곳곳에서 솟아나는 10개의 약수터가 개발되어 있다. 가뭄이 들어도 약수물의 양은 사계절 내내 일정하며 겨울에도 얼지 않고 색과 냄새가 없다.

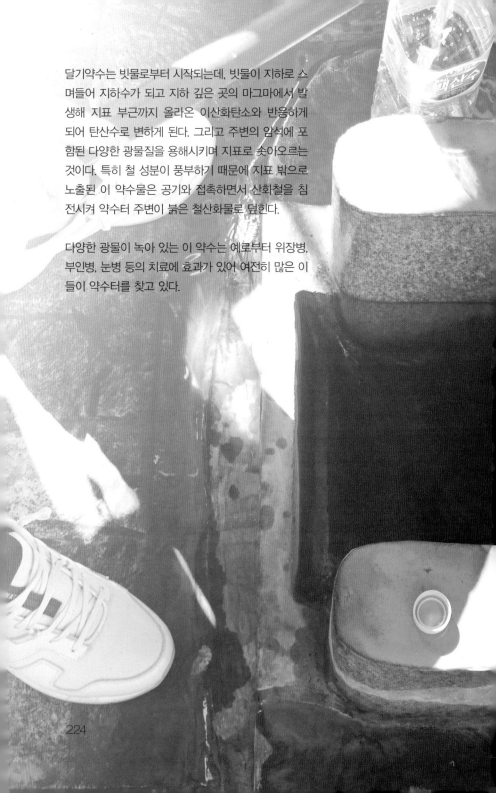

달기약수는 빗물로부터 시작되는데, 빗물이 지하로 스며들어 지하수가 되고 지하 깊은 곳의 마그마에서 발생해 지표 부근까지 올라온 이산화탄소와 반응하게 되어 탄산수로 변하게 된다. 그리고 주변의 암석에 포함된 다양한 광물질을 용해시키며 지표로 솟아오르는 것이다. 특히 철 성분이 풍부하기 때문에 지표 밖으로 노출된 이 약수물은 공기와 접촉하면서 산화철을 침전시켜 약수터 주변이 붉은 철산화물로 덮힌다.

다양한 광물이 녹아 있는 이 약수는 예로부터 위장병, 부인병, 눈병 등의 치료에 효과가 있어 여전히 많은 이들이 약수터를 찾고 있다.

주산지

📷 📍

주왕산 국립공원 남쪽 부근, 절골계곡으로 들어가는 삼거리에서 오른쪽으로 꺾어 들어가 주차장에 차를 맡기고 탐방로에 올라선다. 그리고 숲에 둘러싸인 길을 느긋하게 걸으며 20여 분쯤 올라가면 어디선가 익숙하게 보아 왔던 아름다운 저수지가 눈에 들어온다.

사람이 만든 인위적인 저수지이지만 산에 둘러싸인 채 고요하게 담겨 있는 호숫물은 주변의 풍경을 거울처럼 반사시키며 이곳까지 수고로운 발걸음을 재촉한 이들에게 매우 감격스러운 인상을 남기고 있다.

주산지는 농사에 필요한 물을 공급하기 위해 약 300년 전인 1720년 8월에 착공해 이듬해 10월에 완성된 저수지이다. 길이는 약 200m, 너비는 약 100m, 깊이는 평균 8m 가량으로 큰 규모는 아니지만 아무리 가물어도 물이 마르지 않을 만큼 수원이 풍부하다.

인공적인 호수지만 오랜 세월이 흐르면서 마치 자연적인 호수인 듯 주변의 풍경에 완전히 녹아든 주산지에는 150년 묵은 왕버들 30그루가 물속에 자생하고 있는데 그 가지가 물 밖으로 뻗어 나간 채 매끄러운 수면에 반사된 모습은 쉼 없이 카메라의 셔터를 누를 만큼 대단히 아름답다. 이런 풍경을 감상하며 저수지 주변으로 잘 갖춰진 탐방로를 따라 고즈넉한 산책을 마칠 수 있다면 매우 근사한 기억이 될 것이다.

청송 얼음골

산과 산 사이를 휘감아 흐르는 강. 그 강을 따라 굽이굽이 돌아가는 도로를 달리던 중 넓은 공터에 들어서 밖으로 나서면 벌써부터 서늘한 공기가 피부에 와 닿는 듯하다.

그렇게 강가로 다가서면 강 건너편의 비탈진 사면에는 크고 작은 암석들이 잔뜩 쌓여 있고 그 아래엔 작은 약수터가 마련되어 있다. 얼음물처럼 차가운 약수와 짙게 그늘진 산기슭의 차가운 공기에 기분마저 상쾌하다.

231

겨울에는 따뜻한 바람이 불어 나오고 여름에는 차가운 바람이 불어 나오는 특이한 기상 현상으로 인해 계절이 거꾸로 가는 듯한 이런 곳을 얼음골(풍혈 또는 빙혈)이라 하는데, 우리나라에는 경상남도 밀양과 경상북도 의성 등 20여 개의 지역에 분포하고 있다.

청송 얼음골 역시 응회암으로 구성된 애추(너덜지대)에 나타나는데, 이렇게 그늘진 곳에 쌓여 있는 돌들 틈새로 들어간 공기는 온도가 낮고 습한 지하의 영향을 받아 차갑게 식으면서 아래쪽으로 내려간 후 다시 외부로 노출된 공간으로 이동하면 상대적으로 따뜻하고 건조한 외부 공기와 만나면서 급속히 온도가 올라가고 건조되면서 주변의 열을 빼앗고 냉각시킨다. 이런 원리에 의해 애추 속의 차가운 공기와 외부의 따뜻한 공기가 만나는 지점에 얼음골이 형성되어 얼음이 어는 현상을 만들게 된다.

여름에는 차가운 공기와 시원한 약수로 인기 있는 청송 얼음골은 겨울이 되면 인공폭포에 형성된 거대한 빙벽을 즐기기 위해 많은 사람들이 찾고 있다.

애추(너덜지대, talus)
절벽 아래 또는 산 사면에 풍화작용으로 인해 분리되어 떨어져 나간 돌들이 넓게 퍼져 쌓여있는 지형.

신성 공룡발자국

뜻하지 않은 자연재해가 뜻밖의 발견으로 이어주기도 한다.

2003년 남해안에 큰 피해를 주었던 태풍 매미는 이곳에 산사태를 일으켜 우연하게도 1억 년 전의 공룡 발자국 화석을 노출시킴으로써 상상하기도 힘든 저 너머의 시간이 한순간에 타임머신을 타고 이동하듯 지금 이곳에 나타나게 되었다.

청송 신성

< 국내 최대 공룡 발자국

▶ 국내 최대 단일 지층단

▶ 국내 최대 대형 용각류

▶ 국내 최대 소형 및 중

스마트폰
(AR 중

스마트 폰에서 "청송 신성리
안내판 전면을 비추어 실행하
다양한 콘텐츠를 즐길 수 있습
(공룡 보기, 공룡 발자국 생성

어플
다운 방법 >

234

상당히 가파른 암벽 사면은 마치 칼로 자른 듯 평평하며 그 표면에는 총 400여 개의 공룡 발자국이 찍혀 있는데, 나무나 풀을 먹으며 네 발로 걷는 초식 공룡인 용각류 공룡이 남긴 3개의 보행열에 120여 개의 발자국이 남아 있으며 육식성 공룡인 수각류 공룡이 남긴 9개 보행열에 135개의 발자국이 남아 있다.

국내에도 여러 지역에 이와 같은 공룡 발자국 화석이 분포하지만 특히 신성리 공룡 발자국은 단일 지층면에 남아 있는 발자국 화석의 분포 면적이 최대이며 대형 공룡인 용각류의 발자국 보행열의 길이 역시 국내에서 가장 크다는 점에서 학술적 가치가 매우 크다.

용각류 Sauropoda

쥐라기에서 백악기에 번성한 초식 또는 잡식성의 공룡으로, 길이는 20m 내외로 크며 특히 목과 꼬리가 긴 것이 특징이다. 네 다리로 걸으며 튼튼한 뒷다리를 이용해 두발로 서기도 한다.

수각류 Theropoda

날카로운 이빨과 발톱을 가진 대형 육식 공룡으로 강한 뒷다리를 이용해 이족 보행을 한다. 잘 알려진 티라노사우루스나 벨로시 랩터 등이 이에 속한다.

백석탄 포트홀

하얀 돌이 반짝거리는 개울이라는 뜻의 백석탄은 이곳을 흐르는 신성계곡의 정수로 꼽힐 만큼 신비스러운 풍경이 일품이다.
이로 인해 단지 아름다운 계곡의 모습을 즐기기 위한 방문객들 뿐만이 아니라 독특한 색채와 어우러진 포트홀의 이미지를 사진에 담기 위해 애쓰는 사진작가들에게도 훌륭한 피사체로도 사랑받고 있다.

포트홀의 형태와 색상은 강바닥에 놓인 암석의 종류에 따라 다양한 개성을 나타낼 수 있다.

백석탄 포트홀 지역은 역암과 사암 등의 퇴적암으로 구성된 암석 지대 위를 하천이 흐르며 오랜 세월 동안 침식이 진행되면서 수많은 포트홀(돌개구멍)이 발달하게 되었다. 또한, 이렇게 크고 작은 포트홀이 계곡에 넓게 퍼져 분포하면서 희거나 푸른 빛이 도는 듯한 암석의 색채와 맑은 계곡물이 돌에 부딪혀 부서지며 반사되는 하얀 색채가 조합되어 눈이 부실 정도로 아름다운 모습을 보여 주고 있다.

포트홀 pot hole (돌개구멍)

하천 바닥에 분포하는 암석의 오목한 곳에 물이 회오리치는 와류 현상이 발생하여 점점 깊게 파이면서 만들어진 구멍.

방호정 퇴적층

약 1억 년 전 중생대 백악기에 형성된 퇴적층이 지각의 융기 작용을 받아 기울어지면서 지금처럼 경사진 모습으로 놓여 있고, 그 위엔 유서 깊은 정자가 자리 잡은 채 절벽 밑의 강을 내려다보고 있다.

화려하진 않지만, 맑은 강물과 오래된 병풍 같은 절벽 그리고 그 위에 세워진 단출한 정자가 만드는 수수한 풍경이 잠시 발걸음을 멈추고 숨을 돌리고 싶은 기분을 느끼게 하는 곳이다.

243

위치 · 경상북도 청송군 부남면 얼음골로 190

244

병암 화강암 단애

병풍처럼 펼쳐진 바위라는 뜻의 병암. 호랑이가 놀다가 떨어져 죽었다 해서 범덤이라고 불리기도 하는 이 화강암 절벽은 화강암 지대를 흐르는 하천의 침식으로 인해 형성된 것으로, 높이는 최고 140m에 이르는 수직의 단애이다.

만안자암 단애

하천의 침식과 수직 절리의 쪼개짐으로 인해 드러난 붉은 절벽. 사암으로 이루어진 이 단애에는 깎아지른 절벽이 병풍처럼 펼쳐지면서 마치 한 폭의 동양화를 보는 듯한 아름다움이 깃들어 있다.

위치: 경상북도 청송군 안덕면 근곡리 649-1 「만안자암 단애」

⑦ 전북
서해안권
국가지질공원

Western Jeonbuk Geopark

변산반도 국립공원 서쪽 해안에서 바라보는
아름다운 일몰과 바다.
파도에 맞서며 해안가에 우뚝 솟은 바위와
절벽들.
그리고 끝을 가늠하기 힘든 광활한 모래사
장과 갯벌.
전라북도 부안군과 고창군이 간직한 서해안
의 풍경은 바다와 육지가 잘 어우러져 지극
히 인상적인 모습을 곳곳에 담고 있다.

"전북 서해안권 지질공원의 명소"

×

다양한 암석이 공존하며 서해안으로 불쑥 튀어나온 부안군의 변산반도는 해안가를 따라 특히 아름다운 명소들이 가득하다. 그리고 이 반도 남쪽의 바다 건너편, 고창군의 서해안 지대에 시원하게 펼쳐진 갯벌과 선운산 도립공원 일대의 명소들도 기억해 둘 이유는 충분하다.

오목하게 휘어진 아담한 모래사장의 포근한 풍경	모항
이태백을 알았다면 두 번 죽었을지도 모를	채석강
바다와 맞서며 곧게 솟아 있는 붉은 절벽	적벽강
서해안에 발달하는 갯벌의 대표	고창갯벌
끝없이 이어진 거대한 모래사장	명사십리
수려한 절벽이 곳곳에 솟아 있는	선운산
거대한 용암돔 봉우리	소요산
육지와 닿을 듯 말 듯 바다에 외롭게 떠 있는	솔섬
마치 병을 뒤집어 놓은 듯한	병바위

한탄강 국가지질공원

강원평화지역 국가지질공원

강원고생대 국가지질공원

청송 국가지질공원

전북 서해안권 국가지질공원

부산 국가지질공원

제주도 국가(세계)지질공원

부안군

적벽강

채석강

변 산 반 도 국 립 공 원

서해안고속국도

위 도

솔섬

모항

서 해

고창갯벌

소요산

선운산

병바위

명사십리

고창군

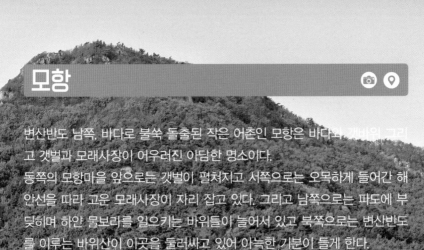

모항

변산반도 남쪽, 바다로 불쑥 돌출된 작은 어촌인 모항은 바다와 갯바위 그리고 갯벌과 모래사장이 어우러진 아담한 명소이다.

동쪽의 모항마을 앞으로는 갯벌이 펼쳐지고 서쪽으로는 오목하게 들어간 해안선을 따라 고운 모래사장이 자리 잡고 있다. 그리고 남쪽으로는 파도에 부딪히며 하얀 물보라를 일으키는 바위들이 늘어서 있고 북쪽으로는 변산반도를 이루는 바위산이 이곳을 둘러싸고 있어 아늑한 기분이 들게 한다.

253

크지 않은 이 모항을 가볍게 둘러보는 것만으로도 얼마나 즐거운 일인지 모른다. 그중에서도 서쪽, 오목하게 들어간 해안가에 위치한 모항갯벌 해수욕장은 가장 빼어난 풍경을 보여 준다.

길지 않은 해수욕장의 양쪽 끝은 파도에 의해 거칠게 침식된 화산암류의 바위가 모래밭의 시작과 끝을 알리며 막아서고, 육지 안쪽으로 깊게 밀려온 파도는 고운 모래를 퇴적시키며 다시 밀려 나간다. 오히려 작은 규모여서 더욱 정감이 가고 아늑함마저 느껴지는 모래 사장이기에 굳이 여름이 아니더라도 머물고 싶은 마음이 커지는 명소가 이곳 모항이다.

채석강

바다지만 강이라 이름이 붙여진 곳. 옛날 중국 당나라 시대의 시인 이태백이 배를 타고 술을 마시던 중 강물에 비친 달을 잡으려다 빠졌다는 채석장과 그 모습이 유사하다고 해서 붙여진 이곳은 화산쇄설성 퇴적물이 겹겹이 쌓이면서 마치 수많은 책을 쌓아 올린 듯한 절벽을 이루고 있다.

이렇게 파도의 침식으로 형성된 해식애인 채석강은 수려한 장관과 아름다운 일몰을 바라볼 수 있어 사계절 내내 인기가 높다.

특히 바닷물이 후퇴하는 썰물 때는 채석강 주변으로 드러나는 넓고 평평한 해식대지를 거닐기에 좋고 파도의 침식으로 형성된 동굴(해식동굴)을 관찰하기에도 유리하다.

해식대지
암석으로 이루어진 해안가가 파도의 침식에 의해 평탄하게 형성된 지대.

해식애 sea cliff
파도의 침식 작용에 의해 형성된 해안가의 절벽을 말한다. 주로 산지가 해안까지 연결된 암석해안 지형에서 나타난다.

해식동굴 sea cave
해식애 중에서 연약한 부분이 상대적으로 더 큰 침식 작용을 받아 움푹 파이거나 무너져 내리면서 생긴 굴을 말한다.

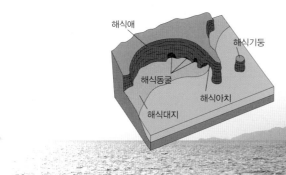

적벽강

이름 그대로 붉은 절벽이 바닷가를 따라 펼쳐져 있는 적벽강은 해 질 무렵 석양에 반사되면 더욱 붉게 물들기에 일몰을 감상하기에도 매우 훌륭한 명소이다. 채석강과 가까이 위치해 있지만 워낙 채석강이 유명하기에 적벽강을 찾는 사람들은 상대적으로 적어, 오히려 조용히 일몰을 바라볼 곳으로는 이곳도 좋은 대안이 될 것이다.

중국 송나라 시대의 시인 소동파가 즐겨 찾던 적벽강과 흡사하다 하여 동일한 이름이 붙여진 이곳, 적벽강은 유문암질 용암이 냉각되면서 형성된 주상절리가 수없이 발달하고 있어 더욱 독특한 해안가 풍경을 선사해 주고 있다.

263

고창 갯벌

세계 5대 갯벌 중 하나인 고창갯벌은 우리나라 갯벌 연구를 선도하는 등 학술적 가치가 매우 큰 곳인 동시에 다양한 해양생물의 서식지이자 어업인들에게는 중요한 삶의 터전이기도 하다.

조간대 퇴적 환경을 대표하는 이곳은 바닷물이 후퇴하는 썰물 때가 되면 그 광활한 갯벌 지대가 잘 드러나기에 방문 시간을 잘 맞추는 것도 중요하다.

265

갯벌의 기능은 생각보다 훨씬 다양해서 첫째, 플랑크톤에서 어류, 조류 등 다양한 생물이 사는 생태계의 보고이고 둘째, 갯벌의 퇴적층과 생물이 육지에서 유입된 오염물질을 정화하며 셋째, 다양한 수산물을 공급해 어업의 중요한 기반이 된다. 그리고 넷째, 플랑크톤의 광합성에 의해 같은 면적의 숲보다 더 많은 산소를 배출하며 다섯째, 갯벌의 흙과 모래가 많은 양의 물을 흡수하기 때문에 홍수나 태풍의 완충지 역할을 하고 여섯째, 대기의 온도와 습도 조절 및 지구 온난화와 같은 해수면 상승에 따른 피해를 완화하는 지대가 된다.

이처럼 갯벌의 중요성은 너무나 크기에 훼손되지 않도록 보호하는 것이 매우 중요하다.

세계 5대 갯벌 지역
한국 서해안, 캐나다 동부해안, 미국 동부해안, 북해 연안, 아마존강 유역

조간대 Intertidal zone
만조 때의 해안선과 간조 때의 해안선 사이의 지대를 일컫는데 연안대라고도 한다.

명사십리

남쪽의 구시포항부터 북쪽의 동호항 부근까지 이어진 모래사장.
시작과 끝을 한 번에 보기 어려울 만큼 끝없이 이어진 일직선의 해안선은 파도와 바람에 실려 온 모래가 쌓이면서 바다와 육지를 갈라놓은 완충지 역할을 하고 있다. 이 해변과 나란히 놓인 해안도로를 따라 달리는 것도 좋겠다. 두 발로 모래를 밟으며 바람과 파도는 느끼는 것도 좋을 것이다.

일반적으로 서해안의 해안선은 들쭉날쭉하기에 반듯한 직선 형태의 모래사장은 드물다. 고창의 명사십리 해빈은 이런 서해안에서는 드물게도 8.5km의 길이를 가진 직선형의 모래 해안으로 그 폭은 썰물 시에 600m 이상이 되기도 한다.

선운산

해발고도 330m 정도에 불과한 낮은 산이지만 울창한 숲과 수려한 계곡 그리고 특히 가을의 아름다운 단풍으로 유명한 선운산은 고창군의 명소들 중에서도 큰 자리를 차지하고 있는 빼어난 도립공원이다.

가벼운 걸음으로 등산을 나서도 좋고, 입구 부근에 넓게 자리 잡은 선운산 생태숲의 오솔길을 돌아보며 가족과 함께 느긋한 소풍을 즐기기에도 그만이다.

화산암류인 유문암과 응회암으로 이루어진 선운산은 응회암 지대 위에 우뚝 솟은 유문암 바위가 인상적인 데, 풍화에 약한 응회암은 점차 깎여 나가며 사라지는 반면 단단하고 치밀해서 풍화에 강한 유문암은 상대적으로 살아남으면서 수직에 가까운 암석 절벽을 이루게 되었다. 이러한 두 암석의 차별 풍화는 선운산의 모습을 더욱 특별하게 만드는 중추가 된다.

소요산

선운산과 같이 많은 방문객이 찾는 명소도 아니다. 그렇다고 아직 알려지지 않은 대단한 풍경을 비밀스럽게 간직한 산도 아니다. 저 산 정상 아래에 자리 잡은 사찰을 가기 위함이 아니라면 애써 거친 비포장도로를 따라 굽이굽이 험한 산길을 오를 필요는 없을지도 모른다.

하지만 나름의 작은 비밀은 갖고 있는 산이 이곳 소요산이다.

선운산 북동쪽에 위치한 높이 445m의 소요산 정상 부근은 비록 대부분 숲으로 덮여 있어 정확히 인지하기가 힘들지만, 유문암질 마그마의 분출로 인해 형성된 용암돔으로 이루어져 있다. 유문암질의 용암은 점성이 커서 화구로부터 멀리 흘러가지 못하고 화구 주변을 메우면서 돔 모양의 화산체를 형성하는데, 소요산은 이러한 용암돔의 특성과 지형을 이해하고 직접 관찰하기에 좋은 장소가 되고 있다.

용암돔

제주도의 산방산과 같이 점성이 높은 용암의 분출로 인해 멀리 퍼지지 못하고 높게 쌓이게 되면서 급한 경사를 갖는 화산체를 일컫는다.

용암돔

위치 : 전북 고창군 부안면 용산리 산148-4

솔섬

육지에 닿을 듯 말 듯 홀로 외로이 바다에 떠 있는 솔섬. 썰물 때가 되면 바닷길이 열려 육지와 연결되는 이 섬은 아무도 살지 않는 정말 조그마한 무인도지만 이 바위섬 위에 자라고 있는 몇 그루의 소나무는 해 질 녘의 붉은 노을과 조화를 이루며 더욱 인상적인 풍경을 연출한다. 그래서일까, 육지와 연결되는 썰물 때보다는 고립된 섬이 되는 밀물 때가 더 아름다울지도 모르겠다.

위치·전북 부안군 변산면 도청리 313-1

병바위

마치 병을 뒤집어 놓은 형상을 하고 있어 병바위라 불리는 이 바위 봉우리는 신선이 술에 취해 술상을 발로 차면서 날아간 술병이 거꾸로 꽂혀 병바위가 되었다는 전설이 내려오고 있다.

병바위 역시 풍화에 약한 주변의 응회암에 비해 풍화에 강한 유문암이 남겨지면서 형성된 것으로 이처럼 물리적 특성이 서로 다른 암석들이 함께 분포하는 지대는 다양한 지형적 특성과 풍경을 만들게 되는 경우가 많다는 것을 잘 보여 준다.

위치 : 전북 고창군 아산면 반암리 산126

중고생을 위한

한국지질공원여행

개정판 1쇄 인쇄 2021년 05월 03일
개정판 1쇄 발행 2021년 05월 10일
지은이 임충완 · 배기훈 · 김철홍 · 장재호 · 이상한
감수 이인성

펴낸이 김양수
편집 이정은
교정교열 장하나

펴낸곳 도서출판 맑은샘
출판등록 제2012-000035
주소 경기도 고양시 일산서구 중앙로 1456(주엽동) 서현프라자 604호
전화 031) 906-5006
팩스 031) 906-5079
홈페이지 www.booksam.kr
블로그 http://blog.naver.com/okbook1234
인스타그램 @okbook_
이메일 okbook1234@naver.com

ISBN 979-11-5778-488-2 (03450)